小動物基礎臨床技術シリーズ

縫合法

監修 左近允 巖
著 古田 健介

序　文

　「結紮と縫合」は、まさに外科手術の入り口にあり、これを身につけないかぎりはその先に進むことはできません。外科における縫合と結紮には、「安全性」、「正確性」、「整容性」の高さが必要であり、その技術には想像以上に個人間で差が生じます。縫合と結紮における技術の向上に必要なのは間違いなく繰り返しの鍛錬であり、そこに効率は存在しません。もし、あるとすれば、最初から正しい手法を自らの手に馴染ませ、後に修正する必要をなくすことでしょう。本書は、初学者が大学教育で習得した技術と、実際の臨床現場で求められる技量の間に存在するギャップを埋めることを目的として企画された「小動物基礎臨床技術シリーズ」の第１弾になります。本書では、結紮と縫合における考え方や材料選択に加え、実際の手順が多くの図版とともに丁寧に解説されています。加えて、重要な項目にはQRコードよりアクセスできる動画が付され、写真のみではわかりにくい部分を補えるようになっています。

　筆者である古田健介先生は、自身の専門を整形外科におきながらも、軟部外科の経験も豊富な獣医師です。また、本書の編集に多大な労を尽くされた編集部の松井真帆氏は臨床経験のある獣医師でもあります。それゆえ、本書の内容は外科の入り口に立つ者にとって、かゆいところに手が届く内容になっています。紙面の都合上、縫合法のすべてを網羅することはできていませんが、ほとんどの外科手術での結紮法と縫合法は本書に掲載している内容でカバーできるはずです。

　はじめはゆっくりで構いません。どんな名手であっても、本書を手にとったみなさんと同じ過程を経て上達しています。本書が獣医外科を志す獣医師もしくは学生の技術向上に少しでも役立つことを心より願っています。

2024年5月吉日
左近允　巌

目　次

序　文 3
本書の使い方 7

第1章　総　論

外科縫合の原則 10
　　はじめに 10
　　用語の定義 10
　　創傷治癒の形態 10
　　創傷治癒の治癒過程 11
　　創傷治癒に影響を与える因子 12
縫合針 16
　　はじめに 16
　　構造と分類 16
縫合糸 ―種類と特性― 19
　　はじめに 19
　　縫合糸の分類 19
　　縫合糸のサイズ 19
　　部位ごとの縫合糸の選択 20
　　縫合糸一覧 21
縫合に用いる器具 26
　　はじめに 26
　　器具一覧 26

第2章　結　紮

両手　本結び 32
両手　逆結び 35
両手　外科結び 38
片手　本結び 42
片手　逆結び 47
深部結紮 50
器械　本結び 53

器械　逆結び 55
器械　外科結び 58

第3章　縫　合

単純結節縫合 64
単純連続縫合 69
かがり縫合 72
水平マットレス縫合 74
垂直マットレス縫合 76
皮下水平縫合 78
皮下水平連続縫合 80
皮下垂直縫合 84
皮下垂直連続縫合 86
ギャンビー縫合 88
クッシング縫合 91
レンベルト縫合 94
単純結節吻合 98
単純連続吻合 100

第4章　実　践

皮膚縫合・皮下縫合・皮内縫合 104
　　皮膚・皮下・皮内縫合の実際 104
　　症例1　皮膚腫瘤切除後の閉創 107
　　症例2　鼠径ヘルニア輪閉鎖後の閉創 110
腹壁の閉鎖 114
　　腹壁の閉鎖の実際 114
　　症例　肝葉部分切除時の腹壁の閉鎖 115
血管結紮 118
　　血管結紮の実際 118
　　症例1　去勢手術（閉鎖法）における血管結紮 119
　　症例2　去勢手術（開放法）における血管結紮 121
　　症例3　卵巣子宮摘出術における血管結紮 122

胃・腸管の縫合	124
胃・腸管の縫合の実際	124
症例1　腸切開後の腸管の縫合	128
症例2　腸管腫瘤切除後の腸管吻合	128

膀胱の縫合	130
膀胱縫合の実際	130
症例　膀胱切開の閉鎖	131

子宮の縫合	133
子宮縫合の実際	133
症例　帝王切開後の子宮の縫合	134

Column

1	外科結びのコツ	14
2	皮膚縫合に逆三角針が選択される理由	17
3	縫合糸の装着方法	18
4	知っておきたい縫合糸のいろいろ	25
5	抜糸時の注意点	29
6	鉗子／持針器の持ち方	60
7	「バイト」と「ピッチ」とは？	67
8	鑷子の持ち方	83
9	メス刃の扱い	97
10	リークテスト	102
11	二等分法とは	109
12	スキンステープラー	112
13	第一結紮が緩んでしまうときの縫合のコツ	129
14	連続縫合をおえるときの結紮方法	132
15	ペンローズドレーン留置方法	136

索　引	138
監修者プロフィール／執筆者プロフィール	141

本書の使い方

- 本書は、公益社団法人 日本獣医学会の「疾患名用語集」にもとづき疾患名を表記していますが、一部そうでない場合もあります。

- 臨床の現場で使用される用語の表現については基本的に執筆者の原稿を生かしています。

- 本書に記載されている薬品・器具・機材の使用にあたっては、添付文書(能書)や商品説明書をご確認ください。

【動画について】

- 動画でわかる マークのついている図版は、動画と連動しています。URLを打ち込んでいただくか、QRコードを読みとっていただき、動画をご視聴ください。

【本書における手指の名称】

- 本書では人医療での呼び方に合わせて、手指の名称を母指(ぼし)、示指(じし)、中指(ちゅうし)、環指(かんし)、小指(しょうし)としています。

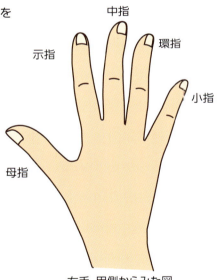

右手、甲側からみた図

第1章

総 論

外科縫合の原則
縫合針
縫合糸 —種類と特性—
縫合に用いる器具

外科縫合の原則

はじめに

　外科縫合の目的は、組織を接着させ、その癒合を図ることである。縫合は皮膚に施す外部縫合と、皮下組織・臓器・筋肉・靱帯などの軟部組織に施す内部縫合に大別される。創傷の良好な治癒には、血行保持が不可欠であり、血液の循環が確保されてはじめて正常な創傷の治癒過程が進行する。本稿では、創がどのような経過を経て治癒するのか、縫合がどのように治癒にかかわるのか、術者として知っておきたい知識を概説する。

用語の定義

創傷部位の名称[1]

　図1-1は、一般的な皮膚の創傷の模式図である。表皮が離断した辺縁が創縁であり、創縁に囲まれた創傷の開口部を創口、創の底部を創底と呼ぶ。また、創縁から底部に至る側面を創面とし、創縁、創面、創底に囲まれた空間を創腔と呼ぶ。

創傷治癒の形態[1,2]

　臨床現場ではさまざまな創傷に遭遇するが、治癒形態は大きく、一次治癒（一期癒合）、二次治癒（二期癒合）、遅延一次治癒（三次治癒）の3つに分類される。

一次治癒（一期癒合）

　手術時の皮膚切開創のような創縁・創面が平滑で縫合により組織を密着させることができ、かつ感染を起こしていない創を即座に縫合閉鎖すると、合併症を起こすことなく短期間で治癒する。このような創傷の治癒形式を一次治癒という。一次治癒における上皮化は48時間以内に完了し、細菌の侵入も少なく、瘢痕形成も最小であることから、創傷の最も望ましい治癒形態といえる。手術によらない創でも、十分な洗浄と挫滅壊死組織の辺縁切除（デブリードマン）によって感染のリスクを低減した創であれば、一次治癒が可能な例も多い。

　本書で扱う内容はおもにこの一次治癒を得るために必要な基本手技である。

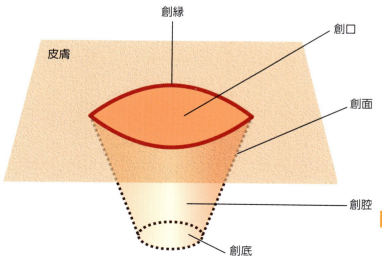

図1-1 創傷部位の名称（文献1より引用、改変）
皮膚の離断をともなう開放性損傷における各部位の名称を示す。

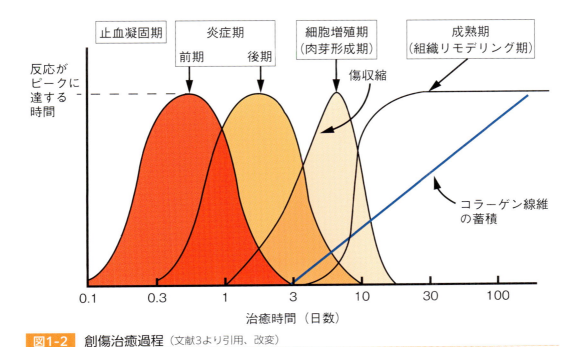

図1-2 創傷治癒過程（文献3より引用、改変）

二次治癒（二期癒合）

受傷後6～8時間を過ぎた創や、組織の欠損が大きい創、高度な挫滅創、異物や汚染のある創、感染が成立している創など、一次閉鎖が困難な創において、開放創のまま創収縮と肉芽形成により創閉鎖まで管理する治癒形態を二次治癒という。

二次治癒では、小さな創傷を除いては治癒に要する期間は長くなる。可能であれば遅延一次治癒や皮弁法・植皮を考慮するべきである。

遅延一次治癒（三次治癒）

一次閉鎖が困難な創に対して適用される閉鎖方法のこと。いったん開放創として処置を行い、創の清浄化が完了し縫合が可能と判断された時点で縫合閉鎖する。

創傷治癒の治癒過程[1-3]

皮膚や粘膜など組織の離断をともなった創傷が修復される過程を図1-2に示す。

受傷直後から5～6時間以内に起こるはじめの反応期間を止血凝固期と呼ぶ。損傷した血管内皮に血小板が付着することで、止血・凝固系が開始する。種々のサイトカインが分泌され線維芽細胞の増殖が生じ、その後の一連の創傷治癒反応の引き金となる。

次いで炎症期が続く。炎症反応が起こることで壊死組織や異物、細菌感染からの防御と清浄化が行われる。ここでは、止血凝固期で血管内皮に収束した血小板などから放出されたサイトカインによって白血球やマクロファージが動員され局所の清浄化や線維芽細胞などの増殖分化を制御している。

その後、細胞増殖期（肉芽形成期）がはじまり、受傷後7日以内に、創面に増殖した血管内皮細胞により毛細血管が形成され、さらに線維芽細胞からはコラーゲンが産生され肉芽組織を形成する。同時に、上皮形成も受傷後24時間以内にはじまる。一次治癒では2日間程度で上皮形成が完了するが、二次治癒では創の状況によりその期間は延長する。

最後に、成熟期（組織リモデリング期）となる。ここでは、炎症期・細胞増殖期で増えた細胞が減少し、

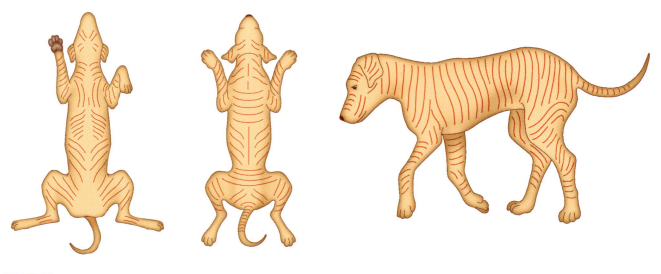

図1-3　犬における皮膚の張力線（文献4より引用、改変）

肉芽形成が進む。肉芽組織がある程度できてくると、肉芽への栄養血管（新生した毛細血管）が徐々に退縮し、周囲皮膚から表皮細胞が伸びてきて表面を覆う。コラーゲンが成熟して瘢痕が形成され、創傷治癒が完了する。この過程は数週間から数カ月間にわたって続く。

創傷治癒に影響を与える因子[1,2]

創傷治癒に影響する局所的な因子として、以下のようなものがある。

閉鎖創の層の不整合

縫合を行う際、向かい合う切開創に段差が生じないように縫合する必要がある。例えば、皮膚縫合では真皮どうしを、消化管では粘膜下組織どうしを密着させて並置する。層が適切に並置されなかった場合、癒合不全や感染などの合併症を引き起こす可能性がある。

死腔

創傷治癒における死腔とは、閉鎖創の下層に生じた空間のことである。死腔形成は凝血、滲出液の貯留をもたらすことで、細菌が増殖する機会を与え、線維芽細胞の増殖を阻害し癒合遅延につながることがある。

異物・壊死組織

異物や壊死組織は創傷部からデブリードマンにより除去されないかぎり慢性炎症反応が持続し、創傷治癒を遅延させ、感染が生じやすくなる。縫合糸も生体にとっては異物であるため、縫合糸の種類と素材を適切に選択すべきである。

皮膚に生じる緊張

動物の皮膚には張力線が存在し（図1-3）、皮膚切開をともなう手術の計画を立てるうえで重要となる。張力線は線維性組織の走行と配列に依存している。皮膚縫合において、張力線に対して平行に力を加えた場合、皮膚の可動性は小さく、垂直方向では可動性が大きくなる。すなわち、皮膚切開を行うときは、張力線に対して平行に切開を加えることで縫合時の皮膚への過剰な張力を軽減することができる。また、線維性組織配列に沿った皮膚縫合をすることで創傷の治癒過程も良好となる。皮膚に過剰な張力がかかった状態での創縁の縫合は、縫合部の離開や血行障害などを招いてしまうこともあるため、注意が必要である。

循環障害

同じ縫合方法でも、対象によって縫合糸を締める力を変える必要がある。例えば同じ単純結節縫合を用いる場合でも、筋膜や皮下組織と同じ強度で皮膚や消化

管を縫合すると局所の血行障害や組織損傷を起こすことがある。

手術対象

犬と猫での創傷治癒にかかる時間、肉芽組織の増生量に差があることが示唆されている[5,6]。犬と猫において肉芽組織の増生の経過時間とその量、創傷の収縮・上皮化・治癒までの時間を21日間評価した報告がある。この報告によれば、一次治癒した線状皮膚創傷の破断強度を縫合後7日目に測定した実験では、猫の創部破断強度は犬の半分しかなく、二次治癒創においては、猫は犬よりも肉芽組織の増生が著しく少なかった。

また、猫では創傷治癒過程で皮下組織より伸長する血管からの血液供給が犬に比べて乏しいため、必要以上の皮下組織の剥離・損傷を避けるべきである。

【参考文献】

1. 山添和明 (2005): 第1章 皮膚の外傷 1.外傷処置の一般原則. In: 小動物 最新 外科学大系 1 外傷処置と縫合法, (山根義久 総監修, 高瀬勝晤 編), pp.2-9, インターズー.
2. 伊藤博 (2007): 第3章 縫合材料と縫合法 4.縫合針と縫合法 一般的な縫合のテクニック. In: 小動物外科手技ガイドライン 周術期の基本手技マニュアル, (田中茂男 監修), pp.117-119, インターズー.
3. Affolter, V. K., Moore, P. F.(1994): Histologic features of normal canine and feline skin. *Clin. Dermatol.*, 12(4): 491-797.
4. Stanley, B. J.(2012): Tension relieving techniques. In: Veterinary Surgery Small Animal (Tobias, K. M., Johnston, S. A. eds.), pp.1221-1242, Elsevier Saunders.
5. Bohling, M. W., Henderson, R. A., Swaim, S. F., *et al.* (2004): Cutaneous wound healing in the cat: a macroscopic description and comparison with cutaneous wound healing in the dog. *Vet. Surg.*, 33(6):579-587.
6. Bohling, M. W., Henderson, R. A., Swaim, S. F., *et al.* (2006): Comparison of the role of the subcutaneous tissues in cutaneous wound healing in the dog and cat. *Vet. Surg.*, 35(1):3-14.

Column 1　外科結びのコツ

　皮膚縫合の基本は各組織の「層」を正確に合わせることである。とくに創が深い場合、死腔を残さないようにするため、皮膚表面の縫合だけではなく、皮下組織、真皮、表皮の層をしっかりと合わせる必要がある。

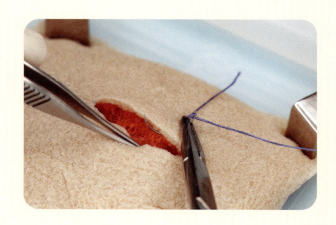

コツ①

　奥と手前の皮膚の間に段差がある場合、奥の皮膚から刺出した針を、一度持針器で持ち直し、刺出点と同じ深さになるように手前の皮膚に刺入する。

コツ②

　縫合糸は両側ともに同じ張力で締める。張力を加えすぎると皮膚が内反してしまったり、治癒過程で瘢痕化により縫合糸が皮膚に食い込んでしまったりして抜糸が困難になることがある。

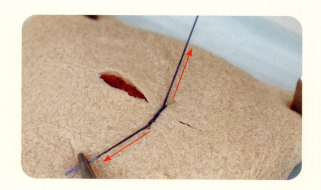

コツ③

　結節は創縁直上に位置しないようにどちらかへずらす。

❌ NG 層が合わないときの失敗例

例えば、奥の皮膚を深く拾い（**図C1-1**）、手前の皮膚では縫合糸を浅く拾うと（**図C1-2**）、奥と手前の皮膚を合わせる際に段差が生じてしまう（**図C1-3**）。これにより皮膚治癒遅延や感染が生じる可能性がある。さらに、二次治癒となり瘢痕形成してしまった場合、審美的にも問題になりかねない。

正しい皮膚縫合を行うためには皮下組織もしくは皮内の同じ層を拾う必要がある。

図C1-1
一方では皮膚の深いところで刺出している（↔）。

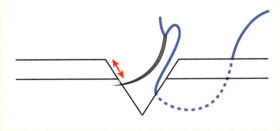

図C1-2
もう一方では皮膚の浅いところから刺入している（↔）。

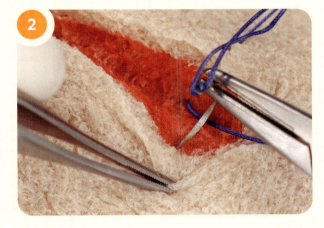

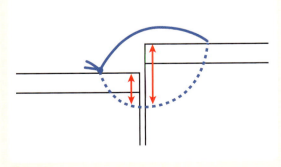

図C1-3
創に段差が生じている。

外科縫合の原則

縫合針

はじめに

手術用縫合針は針先の形状だけではなく、針穴の形状の違いによっても分類できる（図1-4）。

数ある選択肢からそれぞれの特徴を理解して選択することで、確実な縫合を行うことができる。本項では各組織における適切な縫合針の選択方法を解説する。

構造と分類

針先の形状による分類

丸針

血管、臓器、粘膜の縫合に用いられる。断面が円形になっており組織損傷を最小限にできる。一方で、角針に比べ切れが悪いため皮膚縫合には向いていない。

角針

皮膚や硬い組織の縫合に用いられる。断面が三角形になっており、三角形の頂点が内側を向いているものを三角針（レギュラーカッティング針）、頂点が外側を向いているものを逆三角針（リバースカッティング針）という。

その他

丸針と角針両方の特性をもった形状の針も市販されている。

針元の形状による分類

バネ穴（弾機孔）針

内向きの2つのフックがついており、糸を装着しやすくなっている。一般的に皮膚縫合でよく用いられる形状だが、針元の幅がやや広く角があるため薄い皮膚や粘膜を傷つけてしまうことがある。腹腔内臓器や軟部組織には適用すべきでない。

ナミ穴（普通孔）針

裁縫の縫針のように穴が開いており、針が弯曲した内側から縫合糸を通す。針穴部分は形状が滑らかであるため、皮膚縫合時に皮膚を裂いてしまう可能性は低いが、縫合糸を通すのに手間がかかるため選択されることは少ない。

その他：糸付き縫合針

針元に縫合糸が付いている糸付き縫合針が広く用いられている。バネ穴針やナミ穴針に、糸を通して縫合する場合、組織を貫通する糸は2本であるのに対し、糸付き縫合針では組織を貫通する糸は1本になるため組織侵襲が小さくなる。さらに、針に縫合糸を装着する手間が省けるため手術時間の短縮につながる。

針の弯曲による分類 （図1-5）

強弯針

円全周に対して5/8 circle、1/2 circleのものを指す。手首を大きく回転させて操作する。皮下組織など細かな運針を要する部位で用いられることが多い。

弱弯針

円全周に対して3/8 circle、1/4 circleのものを指す。皮内縫合を加えていない皮膚縫合時に操作がしやすい。1/4 circleのものはおもに眼科領域などの顕微手術で使用される。

直針

使用頻度はきわめて少ないが、肛門の巾着縫合、耳血腫における耳介縫合などで用いられる。

Tips

① バイトサイズが大きいときは大きい針、小さいときは小さい針を選択する！
② 縫合糸を大きく深くかけるときは強弯針、小さく浅くかけるときは弱弯針を選択する！
③ 皮膚や硬い組織は切れがよく貫通しやすい角針、粘膜や消化管は裂けやすいので丸針を選択する！

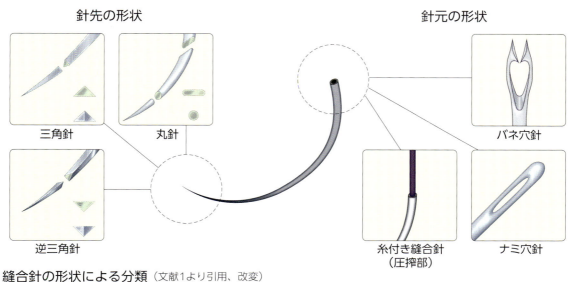

| 図1-4 | 縫合針の形状による分類（文献1より引用、改変） |

縫合する組織により、針先の形状と針元の形状を選択する。

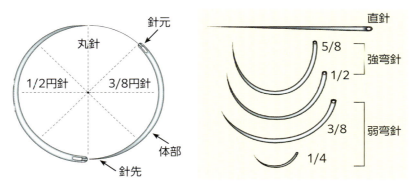

| 図1-5 | 縫合針の弯曲（文献1より引用、改変） |

バイトサイズの大きさや刺入部位の深さにより、形とサイズを選択する。

Column 2　皮膚縫合に逆三角針が選択される理由

　皮膚縫合に用いる角針のほとんどは逆三角針（リバースカッティング針）である。皮膚縫合を行うとき、切開ラインに近い部分の縫合糸に張力が加わる。三角針（レギュラーカッティング針）の場合、三角形の頂点が切開ライン側に向くため、皮膚組織が裂けてしまうリスクが増加する。一方で、逆三角針（リバースカッティング針）の場合、針の三角形の辺が切開ライン側に向くため、力が分散し針の刺入部の皮膚裂開リスクを軽減することができる。

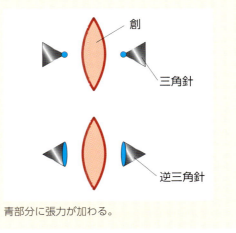

青部分に張力が加わる。

【参考文献】
1. 浅野和之, 泉澤康晴, 兼島 孝, ほか(2013): 縫合法の基礎. In: 動画でわかる縫合法ガイドブック(多川政弘 総監修), pp.26-27, インターズー.

Column 3　縫合糸の装着方法

縫合糸を針に二重にかけることで、針から脱落しにくくなる方法を解説する。

手　順

1 多くの場合、バネ穴針が使われる。

2 右手で糸を持針器とともに握る。

3 糸の先端を左手で持ち、針の下（背側）をくぐらせる。

4 糸を軽く引っ張りながらテンションがかかった状態で、針の体部に糸を引っ掛けるようにして下から奥へと糸を回す。

5 回した糸をバネ穴の窪みに垂直に合わせ、下方へ力をかけると針穴に糸が通る。

6 この状態で縫合を開始すると糸が脱落しやすいため、もう1周同じように糸をかける。

7 そのまま持針器を巻き込むように、糸の先端を奥から手前に回す。

8 テンションをかけたまま、再び糸をバネ穴の窪みに押し当てて糸を通す。

9 持針器で針を持ち直し、糸のたるんだ部分を軽く引き、整える。

10 糸を二重に回すことで縫合時に針から糸が脱落することなく縫合を続けることができる。

縫合糸 —種類と特性—

はじめに

縫合糸はさまざまな種類のものが販売されており、その縫合糸のもつ性質を十分に理解し適切な選択をする必要がある。

縫合糸はその素材により合成、天然、金属に分けられる。さらに、縫合糸のもつ性質として体内で吸収される吸収糸と吸収されず体内に残る、もしくは抜糸が必要となる非吸収糸がある。また、構造の違いでは、1本の糸が単一の繊維からなるモノフィラメントと多数の細い繊維を撚ったもしくは編んだマルチフィラメントに分けられる。ほとんどの縫合糸は合成繊維でつくられており、吸収糸の場合、その成分によって吸収までの期間が異なる。

多くの製品が縫合針のついた針付き縫合糸であるが、針のついていない状態の切り糸や好みの長さに切って使用するカセットロールなども販売されている。

縫合糸の分類（図1-6）

吸収性による分類

吸収性縫合糸
組織内において食作用や加水分解により最終的に消失・吸収される。強度が消失するまでの期間や完全に吸収されるまでの期間は縫合糸によって異なる。

非吸収性縫合糸
分解、吸収されず体内に残存する。天然素材、合成繊維、金属がある。この中で最も生体反応が低いのは金属である。一方で、天然素材からなる絹糸は組織反応が強く起こるため、生体内での使用は避けるべきである。

素材による分類

合成
手術に用いられる多くの縫合糸は合成繊維からなる。それぞれの特性により用途が異なる（ポリジオキサノン、ポリグリコネート、ポリグリコール酸、ポリグラスチン910、ナイロン、ポリプロピレンなど）。

天然
合成縫合糸よりも安価であるという利点はあるが、生体反応が起こりやすい点から、使用頻度はきわめて少ない（絹糸、ガットなど）。

形状による分類

モノフィラメント
メリット
縫合糸と組織の摩擦係数が低いため、組織損傷が最小限となる。感染創や管腔臓器における全層縫合で使用が可能である。

デメリット
縫合糸表面に凹凸がないため、結紮した際の糸同士の摩擦係数が低く、とくに太くて硬い縫合糸では、結節が緩んでしまう可能性がある。また、術中に鉗子や持針器で糸を傷つけてしまうとその部位で断裂が生じやすい。

マルチフィラメント/ブレイド
メリット
一般的にモノフィラメントよりも柔軟性があり扱いやすい。また、繊維どうしに摩擦が生じるため緩みが生じにくい。

デメリット
感染創に使用すると、毛細管現象によって細い繊維の隙間に体液などが移動しやすくなり、感染を広げてしまう可能性がある。また、繊維が絡み合って構成されているため、組織を貫通するときに、摩擦による組織損傷が大きくなる。そのため、近年では表面をテフロンやシリコンなどで処理した縫合糸も販売されている。

縫合糸のサイズ

米国薬局方（United States Pharmacopeia：USP）が定める基準によると、縫合糸のサイズは表1-1のように分類される。合成吸収糸は最も細い糸が10-0、最

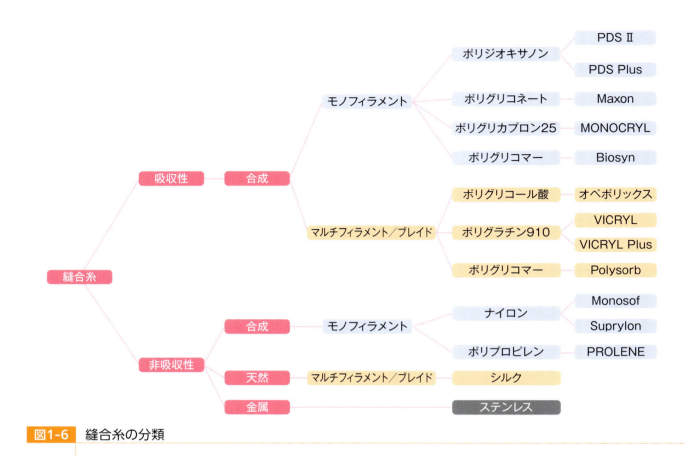

図1-6 縫合糸の分類

も太いものが7となっている。合成吸収糸と外科用ガット（ヒツジの腸の粘膜下組織またはウシの腸の漿膜でつくられた天然吸収糸）では基準が異なる。また、ステンレススチールワイヤー（ステンレス製縫合糸。生体反応は軽微）ではメートル尺もしくはUSPによる尺度、あるいはブラウン・アンド・シャープ・ワイヤーゲージ（米国ワイヤーゲージ規格［American wire gauge：AWG］、最も細いものが41、最も太いものが18）によってサイズが決められている[1]。

部位ごとの縫合糸の選択

皮　膚

皮膚縫合を行う場合は、毛細管現象により皮膚表面に生じた汚染が深部に拡散することを避けるため、モノフィラメント非吸収糸を用いるべきである。また切り糸を用いるほうが安価であるため、必ずしも針付き縫合糸を選択する必要はなく、一般的に術後の縫合糸痕が残りにくい細い糸を使用することが多い。筆者の第一選択は、Monosof（COVIDIEN）、太さは3-0、4-0である。

皮下組織

死腔や創縁に加わる張力を減少させるために行う皮下縫合では、モノフィラメント合成吸収糸が推奨される。皮下組織の厚みや創の張力を考慮し、糸の太さと針の大きさを選択する。広範囲にわたる皮膚切開を必要とする手術（例えば乳腺腫瘍摘出術、体表腫瘤切除術など）では、縫合部位によって張力に差が生じていることがある。このような場合は、張力の強い部分では太め（2-0）の縫合糸を用い、張力の弱い部分では細め（3-0〜5-0）の縫合糸を選択するとよい。筆者の第一選択は、Maxon（COVIDIEN）かBiosyn（COVIDIEN）、太さは2-0〜5-0である。

腹　壁

腹壁の縫合では、腹圧がかかることによる強い張力に抵抗することを考慮して縫合糸の種類と太さを選択する必要がある。筆者の第一選択は、Maxon（COVIDIEN）、太さは2-0、3-0である。体壁に生じた腹壁ヘルニアや鼠径ヘルニア、臍ヘルニアの縫合では、張力維持を目的として非吸収糸を選択する場合もある。

表1-1　縫合糸のサイズ（文献1より引用、改変）

合成縫合糸 （USP）	外科用ガット （USP）	ブラウン・アンド・シャープ ワイヤーゲージ	メートルゲージ	実測 （直径mm）
10-0	—	—	0.2	0.02
9-0	—	—	0.3	0.03
8-0	—	—	0.4	0.04
7-0	8-0	41	0.5	0.05
6-0	7-0	38〜40	0.7	0.07
5-0	6-0	35	1	0.1
4-0	5-0	32〜34	1.5	0.15
3-0	4-0	30	2	0.2
2-0	3-0	28	3	0.3
0	2-0	26	3.5	0.35
1	0	25	4	0.4
2	1	24	5	0.5
3, 4	2	22	6	0.6
5	3	20	7	0.7
6	4	19	8	0.8
7	—	18	9	0.9

筋膜・筋肉

　筋膜・筋間の縫合では、組織に強い張力が生じることから、張力に十分な強度が得られる合成吸収糸が選択される。筋緊張が大きい部分や、筋膜切開後の筋膜縫合などの筋組織が乏しく術後長期間にわたって張力の維持が求められる場合にはポリプロピレンなどの非吸収糸を用いる。筆者の第一選択は、筋膜縫合などで非吸収糸を選択する場合、PROLENE（Johnson & Johnson）、太さは2-0〜4-0である。

臓　器

　胃の縫合や腸管の吻合・縫合では、胃液や腸液への曝露による縫合糸の強度の低下を考慮すべきである。膀胱縫合では、尿や尿中細菌の縫合糸への影響を考慮する。一般的に気管や胃、腸管、膀胱などの中腔臓器では組織治癒過程において、もしくは治癒後であっても縫合糸が異物として組織に残ってしまう可能性がある。筆者の第一選択は、膀胱の縫合ではPDS II（Johnson & Johnson）、胃の縫合および腸の縫合ではMaxon（COVIDIEN）、太さは3-0、4-0である。

血管（止血）

　主要血管では緩みが生じにくい結節にするために可能な範囲内で細いモノフィラメント非吸収糸を選択している。太い縫合糸を使用するほうが結節が安定するように感じるが、実際は細い糸のほうが安定性が高い。糸の柔軟性が落ちるほど、ほどけやすいため毛細血管からの出血を防ぐ目的の血管結紮であれば、吸収糸を選択することもしばしばある。深い部分での結紮が必要な場合、周辺組織への損傷や結紮不良などの問題を解決するために止血クリップを用いることもある。筆者の第一選択は、Maxon（COVIDIEN）、Biosyn（COVIDIEN）、太さは2-0、3-0である。

腱

　腱を貫通するときに損傷させないように、針付き合成非吸収糸を選択する。筆者の第一選択はPROLENE（Johnson & Johnson）、太さは2-0、3-0である。

汚染創

　縫合糸の残存も細菌感染・組織反応に影響を及ぼすことがあるため、非吸収糸は用いず早期に吸収される合成吸収糸を選択する。また、マルチフィラメントの縫合糸は毛細管現象が起こりやすいため、汚染・感染した部位での縫合には不適である。

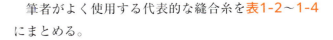

縫合糸一覧

　筆者がよく使用する代表的な縫合糸を表1-2〜1-4にまとめる。

表1-2 吸収性／合成糸

構造	モノフィラメント	
素材	ポリジオキサノン	
	PDS II	PDS Plus
製品		
生体内抗張強度	4-0以下の細いもの	14日で60%
		28日で40%
		42日で35%
	3-0以上の太いもの	14日で80%
		28日で70%
		42日で60%
完全吸収期間	182〜238日	
主な使用用途	皮下縫合、腹壁の閉鎖、血管結紮、管腔臓器の閉鎖など	
備考	PDS Plusは、6種類の細菌（黄色ブドウ球菌、表皮ブドウ球菌、大腸菌、メチシリン耐性黄色ブドウ球菌、メチシリン耐性表皮ブドウ球菌、肺炎桿菌）への抗菌性が実証されている	

構造	マルチフィラメント／ブレイド	
素材	ポリグラチン910	
	VICRYL	VICRYL Plus
製品		
生体内抗張強度	7-0以下の細いもの	14日で75%
		21日で40%
	6-0以上の太いもの	14日で75%
		21日で50%
		28日で25%
		—
完全吸収期間	56〜70日	
主な使用用途	消化管縫合・吻合、筋膜組織の縫合、整形外科（関節包・筋膜縫合）、脳神経外科など	
備考	VICRYL Plusは、抗菌作用のあるトリクロサンを配合したコーティング剤を糸の周囲に塗布することで抗菌効果が得られている	

モノフィラメント		
ポリグリコマー	ポリグリカプロン25	ポリグリコネート
Biosyn	MONOCRYL	Maxon
14日で75%	着色	7日で60～70%	14日で75%

14日で75%	着色	7日で60～70%	14日で75%
21日で40%		14日で30～40%	28日で50%
—	無着色	7日で50～60%	42日で25%
—		14日で20～30%	—
—	—	—	
—	—	—	
90～110日	91～119日	180日	
消化管縫合・吻合、尿路再建、腹壁の閉鎖、皮下縫合 など	皮下縫合、腹壁の閉鎖、血管結紮、管腔臓器の閉鎖など	消化管縫合・吻合、胆道・膵臓縫合、気管および気管支縫合、筋膜組織の縫合、皮内縫合など	
—	埋没直後は強い抗張力を保持し、短期間で生体内抗張力を失う	—	

マルチフィラメント／ブレイド	
ポリグリコマー	ポリグリコール酸
Polysorb	オペポリックス
14日で80%	14日で60%
21日で30%	21日で30%
—	—
—	—
—	—
56～70日	60～90日
消化管縫合・吻合、筋膜組織の縫合、整形外科（関節包・筋膜縫合）、脳神経外科など	消化管縫合・吻合、筋膜組織の縫合、整形外科（関節包・筋膜縫合）、脳神経外科など
—	—

縫合糸

表1-3　非吸収性／合成糸

構造	モノフィラメント		
素材	ナイロン		ポリプロピレン
製品	Monosof	Suprylon	PROLENE
主な使用用途	皮膚縫合、ドレーンの設置など		筋膜縫合、腱縫合など
備考	Suprylonは、カセットに入ったナイロン性縫合糸である。必要な長さに応じて取り出すことができ経済的であるが、汚染や感染リスクを十分に考慮する必要がある		―

表1-4　非吸収性／天然糸

構造	マルチフィラメント／ブレイド
素材	シルク
	絹糸
製品	
主な使用用途	皮膚縫合、臓器摘出時の血管結紮の捨て糸として
備考	体内には残さないほうがよい

【参考文献】

1. MacPhail, C. M., Fossum, T. W.(2019): Biomaterials, Suturing, and Hemostasis. In: Small Animal Surgery(Fossum, T. W., et al. eds.), 5th ed., pp.60-78, Elsevier.
2. Leaper, D., Assadian, O., Hubner, N. O., et al. (2011): Antimicrobial sutures and prevention of surgical site infection: assessment of the safety of the antiseptic triclosan. Int. Wound J., 8(6):556-566.
3. 加藤雄一郎, 溝口冬馬, 矢野竜一朗, ほか (2021): 有棘縫合糸断端の処理の工夫. 日本産婦人科内視鏡学会雑誌, 37(1):206-210.

Column 4　知っておきたい縫合糸のいろいろ

① 縫合糸の不適切な選択

縫合糸の不適切な選択は合併症発生リスクを高めてしまう可能性がある。

例えば、ポリグリコール酸とポリグラスチン910は感染した尿中では急速に分解が進んでしまう可能性があるため、細菌性膀胱炎をともなう膀胱の切開創の閉鎖には適さない。一方で、ポリジオキサノンとポリグリコネートは、尿に接しても張力を維持するため膀胱の縫合時に推奨される。

このように手術目的によって縫合糸を選択する必要があり、手術部位に応じてどの縫合糸が適切であるかを検討すべきである。

② 抗菌薬の入った縫合糸

外科手術の基本は無菌操作であり、術野の消毒を徹底して行い手術に臨むことが原則である。しかし、外傷などさまざまな理由で感染をともなった状況での手術を余儀なくされることもしばしばある。感染創に対して不適切な縫合糸を選択すると感染を助長してしまうだけでなく、治癒遅延につながりかねない。

現在販売されているPDS PlusとVICRYL Plusは縫合糸表面が抗菌作用のあるトリクロサンでコーティングされており縫合糸表面での細菌の増殖を防ぐ。トリクロサンは in vivo 試験にて縫合糸表面で、黄色ブドウ球菌、表皮ブドウ球菌、メチシリン耐性黄色ブドウ球菌、メチシリン耐性表皮ブドウ球菌、大腸菌、肺炎球菌のコロニー形成を阻害することが証明されている[2]。ただし、感染や汚染が疑われる術創管理の基本は、絶対的な細菌数を減少させたうえで縫合・閉創することであり、縫合糸の抗菌作用が術創の感染管理に寄与するわけではないことに注意が必要である。傷を「閉じる」ことばかりを意識するのではなく、必要に応じて排液ドレーンの設置や開放性ウエットドレッシング法も考慮すべきであろう。

③ 返しのある縫合糸

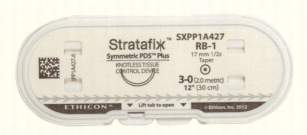
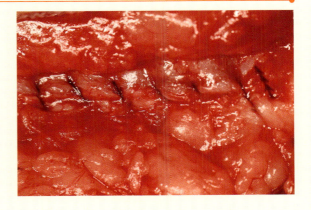

近年、有棘縫合糸という自己固定式で結紮の必要がない縫合糸、STRATAFIX Symmetric PDS プラス（Johnson & Johnson）が実用化されている。人医療では腹腔鏡下手術での子宮縫合や腱の再建に用いられている。有棘縫合糸はBarbed Suture（トゲのある縫合糸）と呼ばれる。縫合糸表面に単一方向の返しがついており、これが組織に食い込むことで結紮をしなくても組織に固定される。縫合時間の大幅な短縮、緩みが生じにくい縫合が可能となる。ほかの吸収糸と比べ高価である点や、残した断端が組織を刺激する[3]ことが指摘されているが、今後獣医領域においても普及が期待できる。

縫合に用いる器具

はじめに

外科手術をはじめるにあたり、術者は器具の選択・使用方法を熟知しておく必要がある。例えば、縫合をする際に縫合針の大きさに対して適切に持針器を選択しないと針を変形させてしまうことがあり、縫合が困難になるだけでなく、組織侵襲の増大が懸念される。また、縫合する部位によっては補助的に器具を使用することで処置を簡易化することや、合併症の発生を軽減することにもつながる。

器具一覧

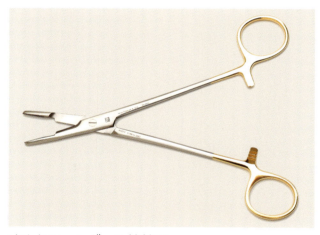

オルセン・ヘガール持針器
把持部の根本に、縫合糸の切断が可能な鋏がついている。一般的に用いられているメイヨー・ヘガール持針器と比べて閉じるときの抵抗が大きい。

メイヨー・ヘガール持針器
把持部が平滑で滑り止めがないため、針を傷つける心配がない。

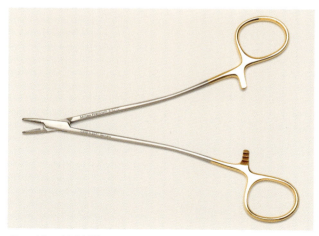

クーリー持針器
針を把持する際に先端を細く閉じることができる。細針向け。狭い視野での操作が可能である。

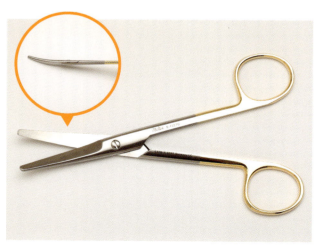

メイヨー剪刀(反)
筋膜や結合組織など、硬く厚い組織の切断、剥離に用いる。先端の形状は直型と反型がある。

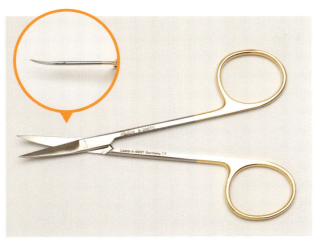

アイリス剪刀（反）
縫合糸の切断などに使用可能である。先端が薄くて鋭利なため、腹腔内など臓器周辺での使用は控えるべきである。先端の形状は直型と反型がある。

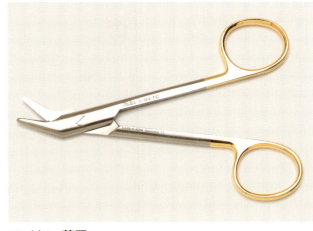

ワイヤー剪刀
ワイヤー縫合糸を切るための剪刀。ピンの切断には刃こぼれの危険性があるため使用できない。

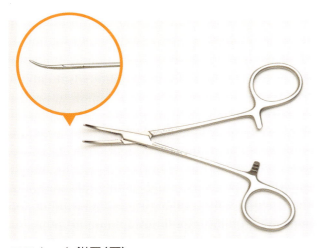

モスキート鉗子（反）
小血管の止血、組織の剥離、組織把持などさまざまな場面で使用する小型止血鉗子。先端の形状は直型と反型がある。筆者は支持糸の把持にも使用している。

アドソン鑷子（無鉤）
細かい作業をするときや、組織を把持するのに用いられる。

アドソン鑷子（有鉤）
先端に鉤がついており、確実に組織を把持できる。一方、柔らかい組織、臓器に使用すると挫滅させるおそれがあるため、注意が必要である。

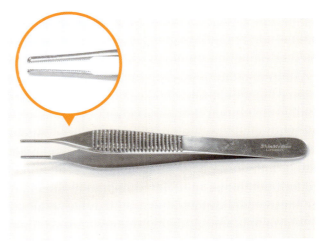

ドベーキー・アドソン鑷子
軟部組織を扱う際に十分な把持力があり、かつ組織損傷を最小限にすることができる。臓器のほか、デリケートな組織の把持にも使用できる。

ブラウン・アドソン鑷子
(側鉤・7×7横歯)
先端に細かい鉤がついているため把持力が高く、歯肉や口腔粘膜の把持にも使用可能である。

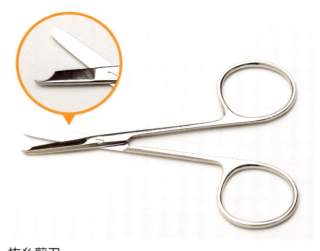

抜糸剪刀
皮膚縫合の抜糸に使用する。先端のくぼみに縫合糸を引っかけて抜糸する。

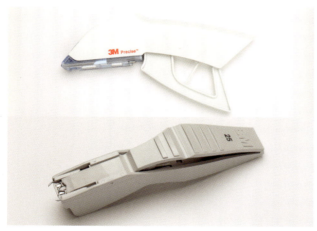

スキンステープラー
皮膚縫合用器具。

ステープルリムーバー
ステープル抜去時に用いる。

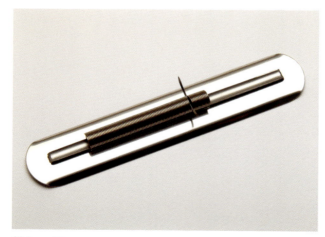

針ケース
術中に縫合針の落下を防ぐために使用する。

Column 5　抜糸時の注意点

抜糸をするとき、とくに注意するべき点を2つ解説する。

注意点①：縫合糸を切る位置

抜糸の際は結節の部分、もしくは糸の断端を鑷子で把持し、創縁を挟んだ反対側（結節のない側）の皮下に埋まっていた部分の糸を引き出して切る。

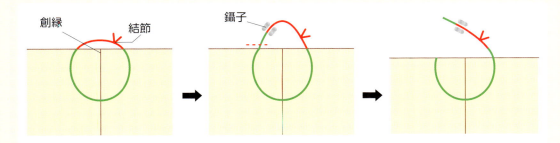

結節の近くや皮膚表面に露出している位置で糸を切ることは避ける。糸を引き抜く際に、糸の表面に付着した細菌などが皮下を通ることになり、感染の原因となるからである。

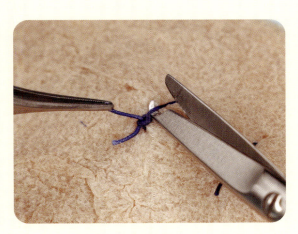

注意点②：縫合糸を引き抜く方向

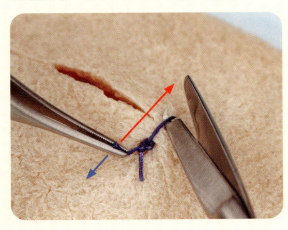

創縁を越えるように（→の方向へ）糸を引き抜く。

創縁から離れるように（→の方向へ）糸を引き抜くと、創縁を引っ張ってしまい縫合部が離開するリスクがある。

第2章

結　紮

両手　本結び ／ 両手　逆結び
両手　外科結び ／ 片手　本結び
片手　逆結び ／ 深部結紮
器械　本結び ／ 器械　逆結び
器械　外科結び

両手　本結び

特　徴

　本結紮法は、外科手術における最も基本的な結紮法であるが、両手で行うためにある程度の空間が必要である。後述する「外科結び」との大きな違いは、第一結紮の緩みやすさにある。「本結び」では一重結び（Overhand knot）を3回以上交互に重ねるため、組織に生じる緊張によって第一結紮が緩みやすい。一方、第一結紮が一重結びであるがゆえに、組織周囲に回したループが小さく締まり、結び目が小さいことから小血管などの結紮には適している。

　結紮手順において、第一結紮の緩みを防ぐ方法は2つあり、第一結紮が終了した時点から第二結紮が完了するまで糸にテンションを与えつづけるか、まったくテンションをかけないかのどちらかである。第一結紮が一重結びである場合、把持した糸のどちらかを軽く引っ張るだけで第一結紮は緩んでしまう。しかし、実際にはテンションをかけつづけながら結紮を行うことは難しいため、第一結紮の緩みが生じにくい小血管などの結紮時に適用される。

手　順

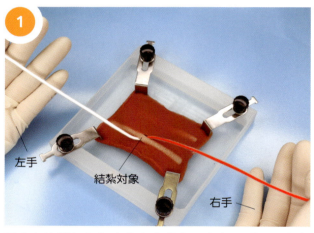

長さを均等にした白糸と赤糸を、左右の手のひらを上に向けた状態で把持する。

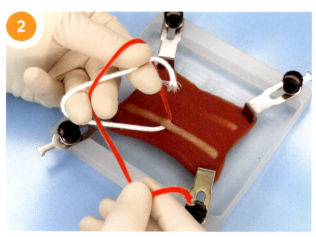

白糸を左手の環指にかけ、赤糸を左手の母指の上を通すように回しかけて左手の中指と環指の間に挟む。

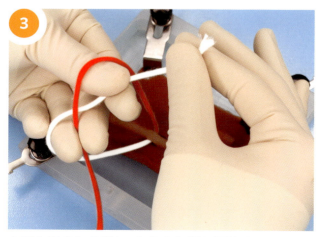

右手を赤糸から離し、白糸の先端を把持する。

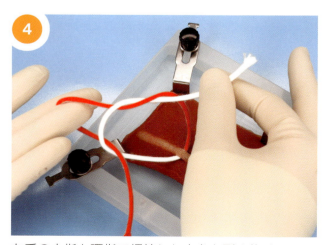

左手の中指と環指で把持した赤糸を引き抜く。

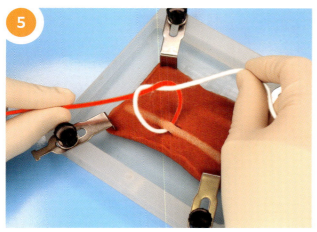

左右の糸を均等な力で締めて結び目をつくる。

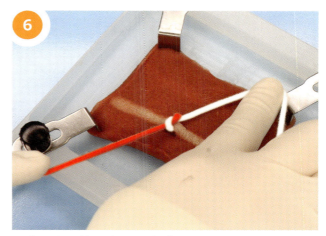

両方の糸を持ち直し、結び目を強く締めて第一結紮を完了する。

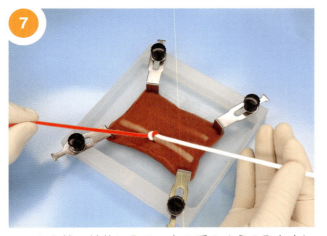

ここから第二結紮に入る。右の手のひらのみを上に向けた状態で、左右の母指と示指で糸を把持する。

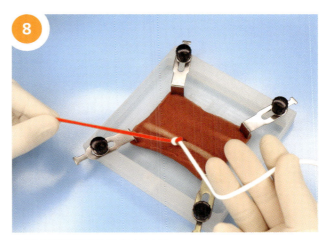

右手の環指に白糸をかける。

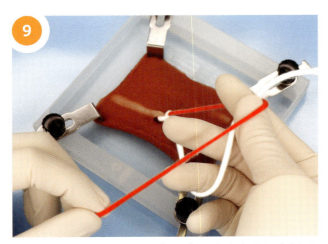

白糸を把持した母指と示指の上に赤糸を回しかける。

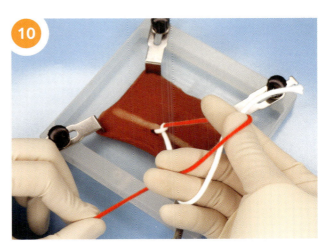

赤糸を右手の中指と環指に挟む。

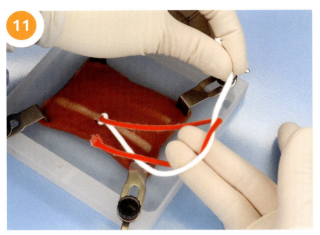

左手で把持している赤糸を離し、白糸の先端を把持した後、右手の中指と環指で把持した赤糸を引き抜く。

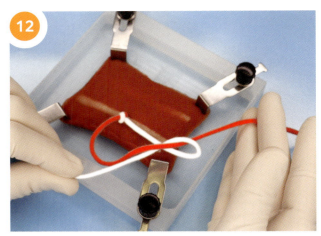

左右の糸を同じ力で締めて結び目をつくる。

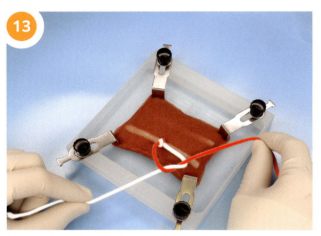

両方の糸を持ち直す。

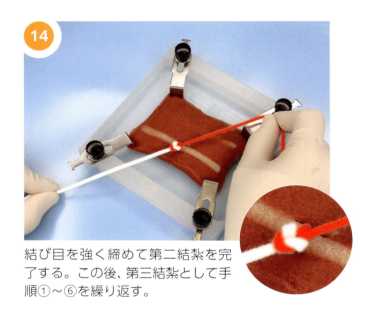

結び目を強く締めて第二結紮を完了する。この後、第三結紮として手順①〜⑥を繰り返す。

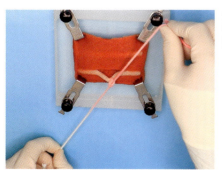

両手　本結び

※本法の一連の手技を動画でご覧いただけます。

動画でわかる

https://e-lephant.tv/ad/2003507

両手　逆結び

特　徴

　本来、「逆結び」は結び目が緩みやすい結紮であるため、確実を期する目的で使用されることはない。しかし、とくに軟部外科手術における限られた場面では有効な結紮方法となる。「逆結び」と「本結び」における最も大きな違いは、第二結紮時の結び目の締まり方の差にある。つまり、「逆結び」では結び目が滑りやすい欠点を臨床上の利点に変える。前項で述べたように、「本結び」では第一結紮が緩みやすいため、創が深く、結紮する組織が小さい場合には、その緩みを目視で確認できない場合がある。一方、「逆結び」では、組織に緊張を与えないようにあえて第一結紮を緩く行っておき、第二結紮を締める際に、結び目が滑ることを利用して第一結紮の結び目も同時に締めることができる。また、血管などの結紮では、第二結紮までを緩く行っておき、後から目的の結紮部位まで糸を移動させて結紮することも可能となる。本項における結紮手順の解説は、第二結紮まででおわっているが、**第三結紮以降は必ず「本結び」で行い、結び目の緩みを防止する必要がある**。ただし、「逆結び」であっても、使用する糸の種類によって第二結紮時の結び目の締まり方が異なるため、糸の特性を十分に把握したうえで使用するべきである。

手　順

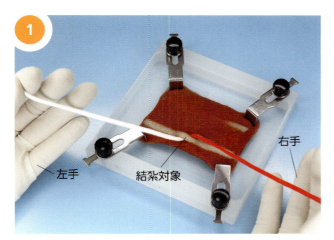

長さを均等にした白糸と赤糸を、左右の手のひらを上に向けた状態で把持する。

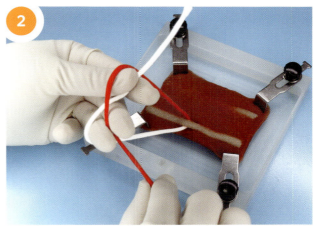

白糸を左手の環指にかけ、赤糸を左手の母指の上を通すように回しかけて左手の中指と環指の間に挟む。

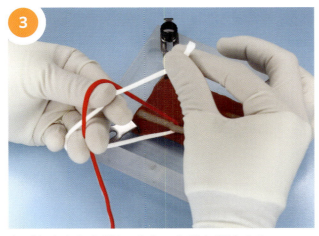

右手を赤糸から離し、白糸の先端を把持する。

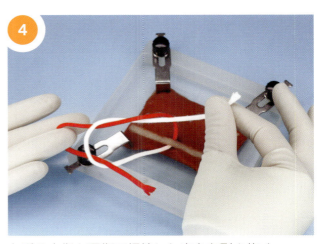

左手の中指と環指で把持した赤糸を引き抜く。

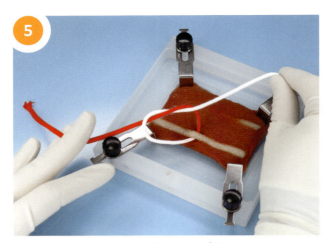

左右の糸を均等な力で締めて結び目をつくる。

両方の糸を持ち直し、結び目を強く締めて第一結紮を完了する。

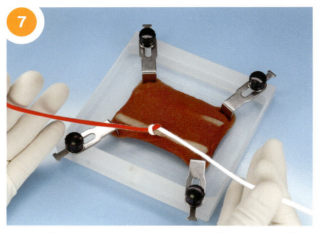

ここから第二結紮に入る。左右の母指と示指で糸を把持する。

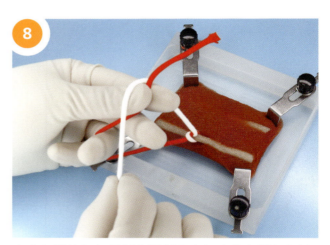

赤糸を把持した母指と示指の上に白糸を回しかけ、白糸を左手の中指と環指の間に挟む。

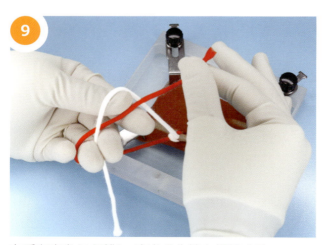

右手を白糸から離し、赤糸の先端を把持する。

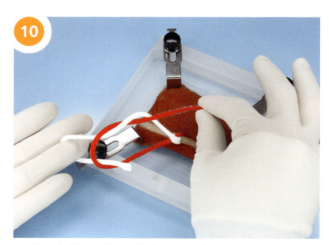

左手の中指と環指で把持した白糸を引き抜く。

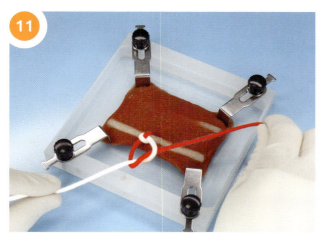

左右の糸を同じ力で締めて結び目をつくる。

両方の糸を持ち直し、結び目を強く締めて第二結紮を完了する。第三結紮以降は本結びを行う。

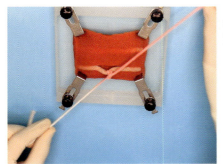

両手　逆結び

※本法の一連の手技を動画でご覧いただけます。

動画でわかる

https://e-lephant.tv/ad/2003508

両手　逆結び

両手　外科結び

特　徴

本結紮法は、本結びと並んで外科手術で最も多用される結紮法である。外科結びでは第一結紮がDouble overhand knotであるため緩みにくく、弾力がある組織や比較的太い血管の結紮に適している。一方、第一結紮での結び目が大きくなるため、組織に回したループが締まりにくく、小血管などの結紮には適さない。

また、この結紮法では、第一結紮が緩みにくいことに加え、第一結紮で組織に回した糸に、術者が意図する一定のテンションを維持したまま第二結紮を完了することが容易になる。つまり、第二結紮が完了した時点でループの緩みを意図的につくることができ、結紮によって生じる虚血障害を防ぐ必要がある組織に最も適している。これは、第二結紮を完了する際に、第一結紮が締まりにくい特性によって得られる利点であり、先に述べた「逆結び」とはまったく反対の特徴である。この結紮法は、手結びの手順としては最も複雑になるが、外科手術を行う獣医師であれば確実に身につける必要がある。

手　順

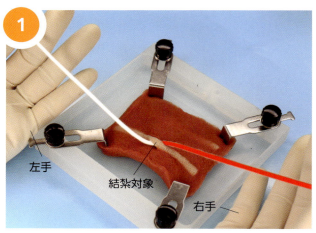

長さを均等にした白糸と赤糸を、左右の手のひらを上に向けた状態で把持する。

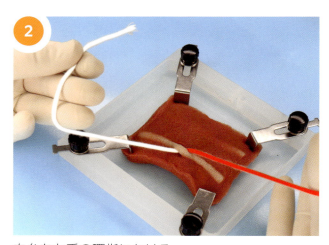

白糸を左手の環指にかける。

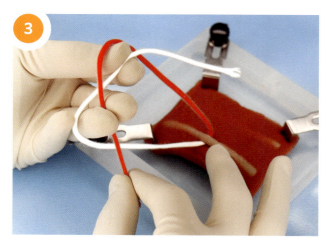

赤糸を左手の母指の上を通すように回しかけ、左手の中指と環指で把持する。

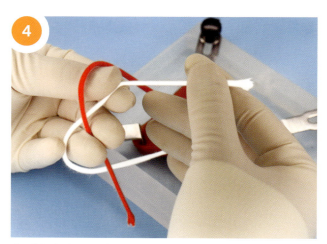

右手を赤糸から離し、白糸の先端を把持する。

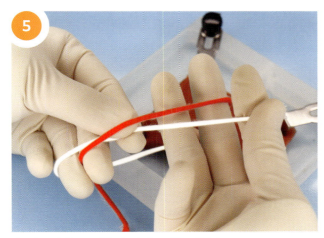

右手の中指と環指を赤糸の下に通す。

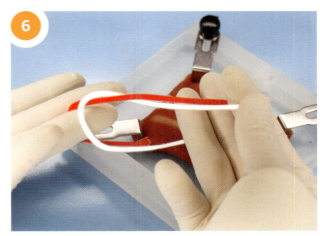

左手の中指と環指で把持した赤糸を引き抜く。

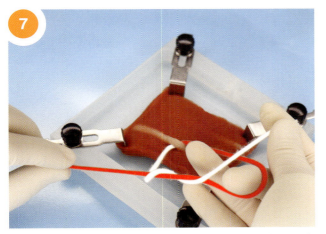

左手で把持した赤糸を母指と示指で把持し直し、赤糸の下に通した右手の中指を赤糸にかける。

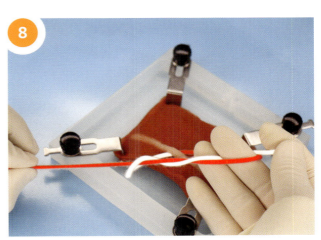

右手の中指の指背で白糸をすくうようにかけ、中指と環指で白糸を把持する。

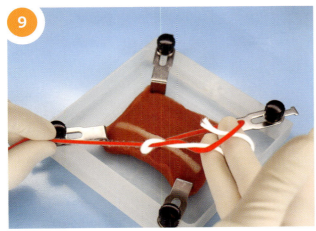

右手の母指で把持していた白糸を離し、中指と環指で把持した白糸を引き抜く。

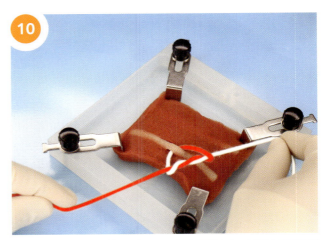

右手で白糸を把持し直し、左右同じ力で締めて結び目をつくる。

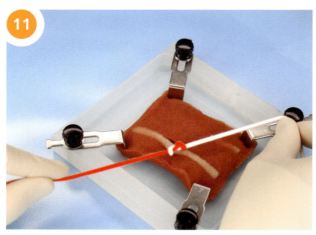

左右の糸を均等な力で強く引き、第一結紮を完了する。

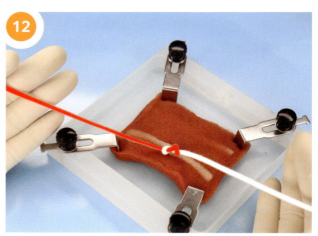

右手で白糸、左手で赤糸を把持して、左右の手のひらを上に向けた状態から第二結紮を開始する。

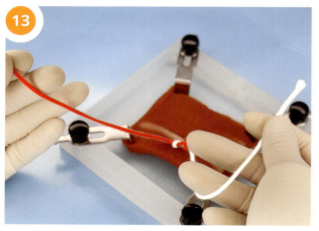

右手の環指に白糸をかける。

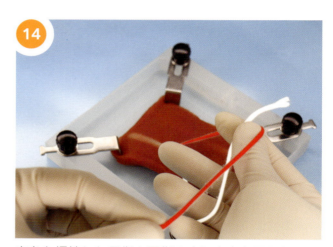

白糸を把持した母指と示指の上に赤糸を回しかける。

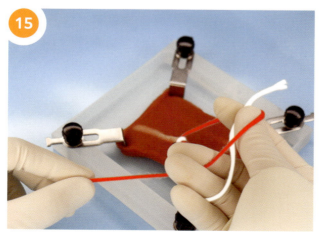

右手の中指と環指で赤糸の先端を把持する。

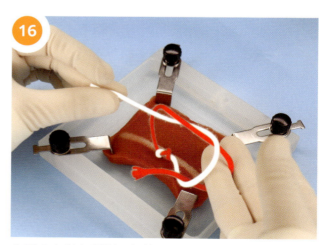

右手の中指と環指で把持した赤糸を引き抜く。

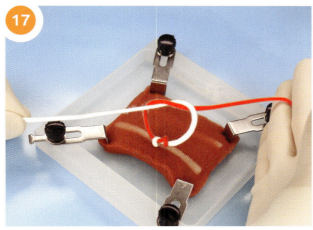

白糸を左手の母指と示指で把持し直し、左右均等な力で引き、結び目をつくる。

左右の糸を均等な力で強く引き、第二結紮を完了する。第三結紮以降は手順1〜6、10、11を繰り返す。

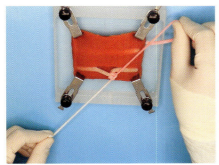

両手　外科結び

※本法の一連の手技を動画でご覧いただけます。

https://e-lephant.tv/ad/2003509

両手　外科結び

片手　本結び

特　徴

片手結びの方法は2通りある。1つは一方の手で把持した糸を軸として、他方の手のみで結紮を行う方法（方法①）と、もう1つは両方の手を交互に使って行う方法（方法②）である。ここでは「片手　本結び」の手順として方法①、方法②を両方とも解説する。方法①では、左手に持った糸を軸として右手のみで結紮を行い、方法②では軸となる糸を左右交互に入れ替えて行っている。筆者は、方法①と比較して方法②のほうがスリップノットになりにくく、安定した本結びができるように感じている。

手順　方法①

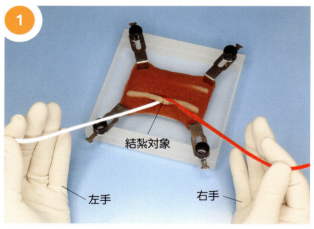

長さを均等にした白糸と赤糸を、左右の手のひらを上に向けた状態で把持する。

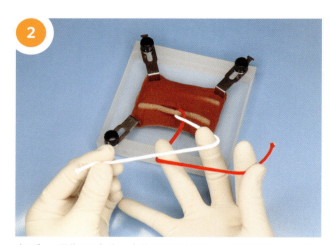

右手の環指に赤糸、中指に白糸をかけて輪をつくる。

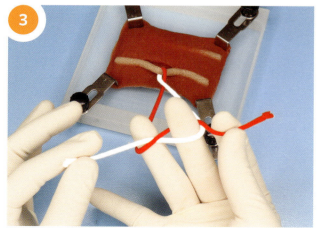

右手の中指の指背で赤糸をすくうように引っかけ、中指と環指で赤糸を把持する。

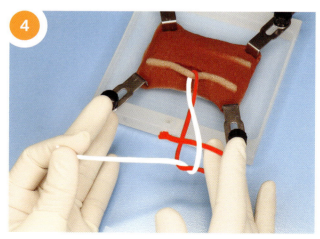

右手の母子と示指を赤糸から離し、中指と環指で把持した赤糸を引き抜く。

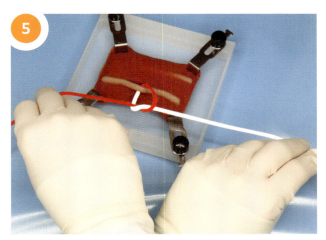

5 左右の手を交差させ、結び目をつくる。

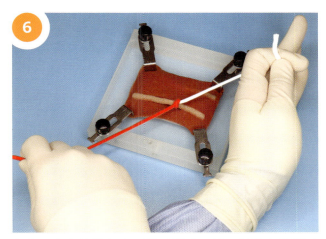

6 左右の糸を均等な力で強く引き、第一結紮を完了する。

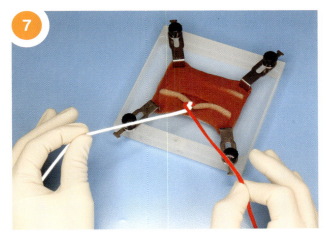

7 右手で赤糸、左手で白糸を把持して第二結紮を開始する。手の甲は上に向けておく。

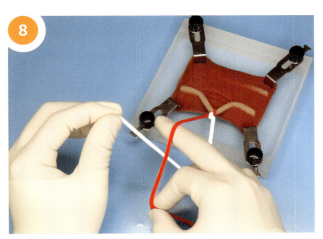

8 右手の環指に白糸、中指に赤糸をかけて輪をつくる。

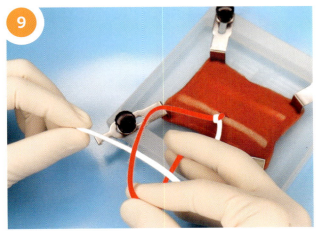

9 右手の母指と示指で把持した赤糸の先端を、右手の中指と環指で把持する。

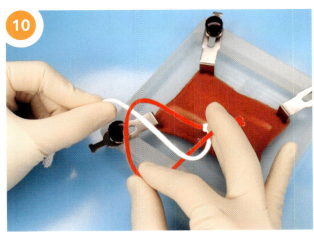

10 右手の中指と環指で把持した赤糸を輪の中に引き込む。

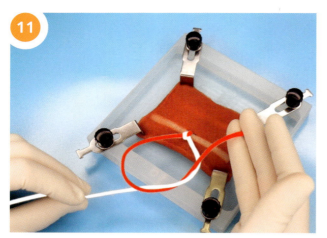

右手の母指と示指で把持した赤糸を離す。

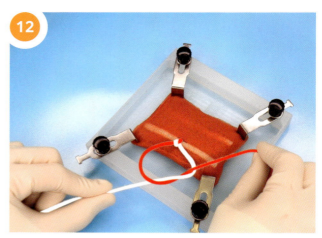

赤糸を奥へ、白糸を手前に均等な力で引き、結び目をつくる。

左右の手で糸を持ち直し、均等な力で強く引いて第二結紮を完了する。

片手　本結び　方法①

※本法の一連の手技を動画でご覧いただけます。

動画でわかる

https://e-lephant.tv/ad/2003510

手順　方法②

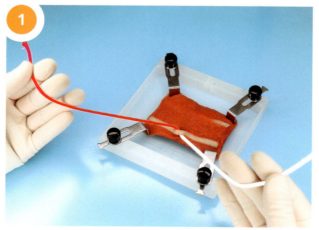

長さを均等にした白糸と赤糸を、左右の手のひらを上に向けた状態で把持する。

右手の環指に白糸、中指に赤糸をかけて輪をつくる。

3

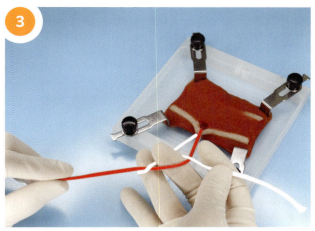

右手の中指の指背で白糸をすくうように引っかけ、中指と環指で白糸を把持する。

4

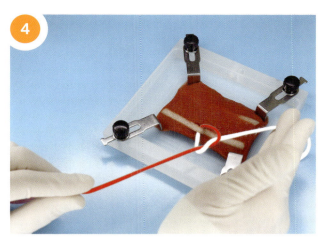

右手の中指と環指で把持した白糸を引き、結び目をつくる。

5

左右の糸を均等な力で強く引き、第一結紮を完了する。

6

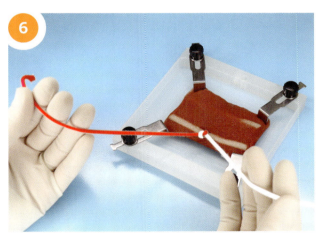

左手に赤糸、右手に白糸を把持した状態で第二結紮を開始する。

7

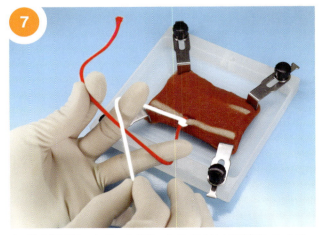

左手の環指に赤糸、中指に白糸をかけて輪をつくる。

8

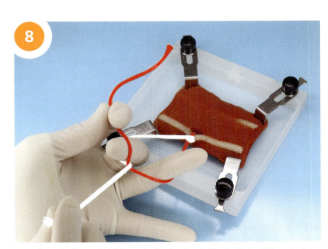

左手の中指の指背で赤糸をすくうように引っかけ、中指と環指で赤糸を把持する。

片手 本結び

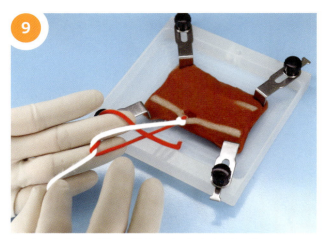

左手の中指と環指で把持した赤糸を引き抜く。

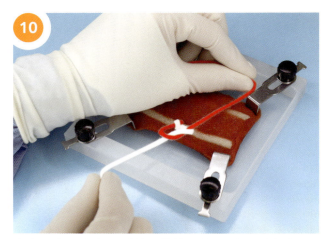

赤糸を奥へ白糸を手前に均等な力で引き、結び目をつくる。

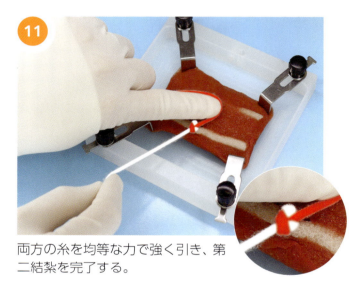

両方の糸を均等な力で強く引き、第二結紮を完了する。

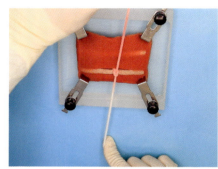

片手　本結び　方法②

※本法の一連の手技を動画でご覧いただけます。

https://e-lephant.tv/ad/2003511

片手 逆結び

特　徴

「片手　逆結び」は、左右で得意なほうの結紮を繰り返し行うシンプルな結紮方法である。結紮の特性や適用としては「両手　逆結び」と同様であり、緩みやすい結紮であることに変わりはない。それゆえ、特殊な状況以外で使用することはなく、外科結びや本結びとは異なる特性を理解したうえで適用する必要がある（p.35「両手　逆結び」の解説を参照）。

手　順

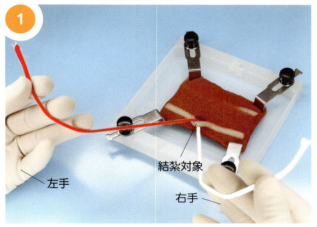

長さを均等にした白糸と赤糸を、左右の手のひらを上に向けた状態で把持する。

右手の環指に白糸、中指に赤糸をかけて輪をつくる。

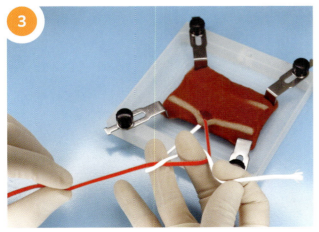

右手の中指で赤糸を引っかけながら中指の指背で白糸を下からすくうようにかける。

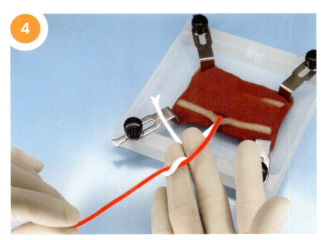

右手の中指と環指で白糸を把持した後に、右手の母指と示指で把持していた白糸を離し、輪の中から白糸を引き抜く。

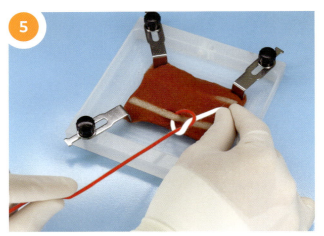

5 赤糸を手前へ、白糸を奥に均等な力で引き、結び目をつくる。

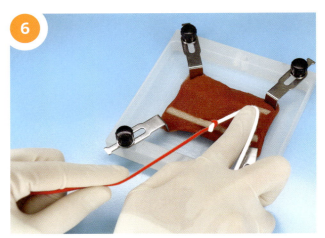

6 両方の糸を均等な力で強く引き、第一結紮を完了する。

7 右手で白糸を、左手で赤糸を把持して第二結紮を開始する。

8 右手の環指に白糸、中指に赤糸をかけて輪をつくる。

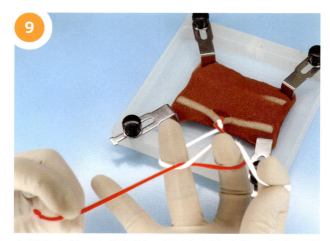

9 右手の中指で赤糸を引っかけながら中指の指背で白糸を下からすくうようにかける。

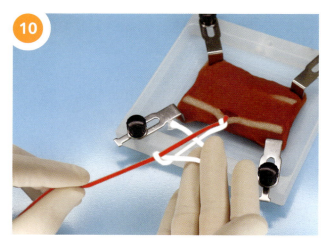

10 右手の中指と環指で白糸を把持した後に、右手の母指と示指で把持していた白糸を離し、輪の中から白糸を引き抜く。

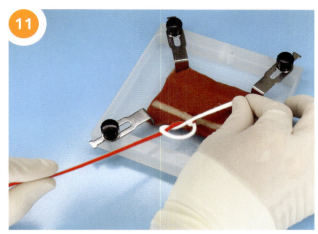

赤糸を手前へ、白糸を奥に均等な力で引き、結び目をつくる。

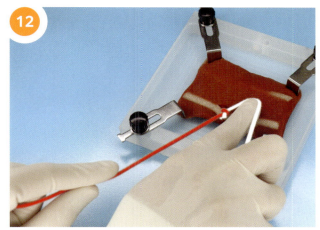

両方の糸を均等な力で強く引き、第二結紮を完了する。

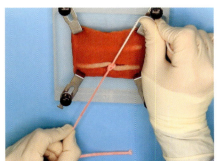

片手　逆結び

※本法の一連の手技を動画でご覧いただけます。

https://e-lephant.tv/ad/2003513

深部結紮

特　徴

　深部結紮の基本は「片手　本結び」と同様であるが、確実な結紮を行うためには、結び目を締める際の指の使い方や、糸を引く方向に注意しなければならない。また、深部結紮では、最後に結び目を締めるとき以外は糸の操作を術者の手元近くで行うため、結紮を行うごとに十分な長さの糸を使用するべきである。

　「片手　本結び」と同様に、深部結紮にも変法がある。ここでは本書における「片手　本結び　方法②」を基本とした方法を解説する。なお、解説写真で赤糸と白糸の区切りが結紮対象から左右に移動するが、これはどちらを強く引くかの力加減を表している。

手　順

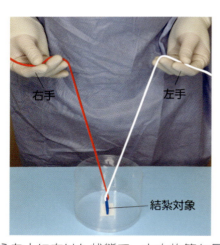

手のひらを上に向けた状態で、左右均等な長さになるよう糸を把持する。このとき、右手から結紮を開始するために、左手で把持している白糸を右手の赤糸よりも奥側にして交差させておく。

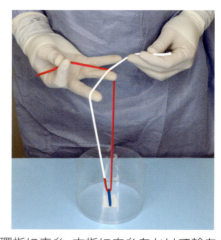

右手の環指に赤糸、中指に白糸をかけて輪をつくる。

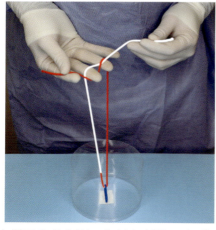

右手の中指で赤糸を引っかけながら、右手の中指の指背で赤糸をすくうようにかける。

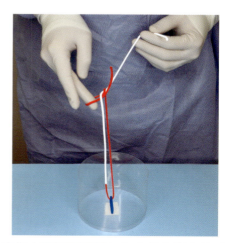

右手の中指と環指で把持した赤糸を引き抜く。

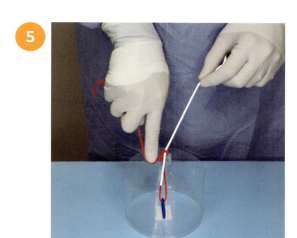

右手で把持した赤糸を、伸ばした示指の腹側に押し当てながら結び目を深部の結紮部位へと移動させる。左手は、結紮する血管や組織に強い張力が生じないよう白糸を軽く手前に引いておく。

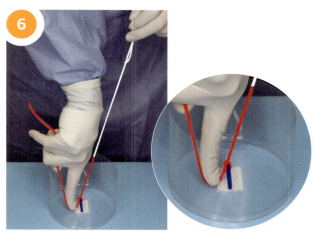

右手の示指にかけた赤糸を深部に向かって押し込むように結び目を締める。このとき、結紮部位の位置が変わらないよう、白糸を把持した左手も均等な力で引く。

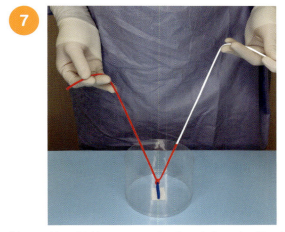

続いて第二結紮に入る。左手に赤糸、右手に白糸を把持する。

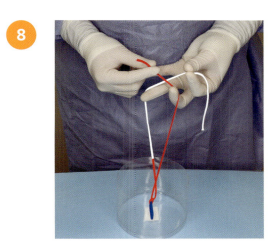

左手の環指に白糸、中指に赤糸をかけて輪をつくる。

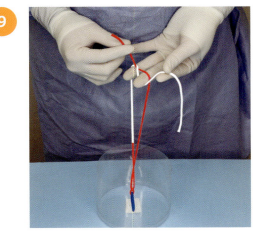

左手の中指の指背で白糸をすくうようにかけ、中指と環指で白糸を把持する。

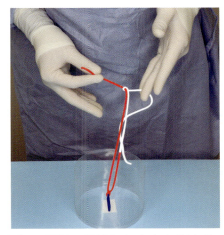

左手の中指と環指で把持した白糸を引き抜いて結び目をつくり、結び目を締める前に糸を持ち直す。

深部結紮

⑪

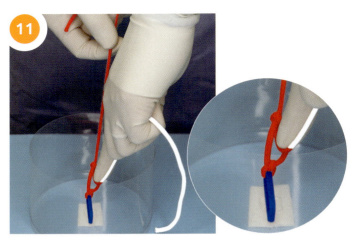

左手の示指にかけた白糸を深部に向かって押し込むように、結び目を締める。このとき、結紮部位の位置が変わらないよう、赤糸を把持した右手も均等な力で引く。

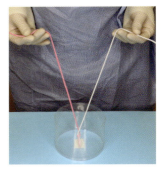

深部結紮

※本法の一連の手技を動画でご覧いただけます。

https://e-lephant.tv/ad/2003501

器械 本結び

特徴

器械を用いた本結びは、外科手術で多用される結紮方法であり、その基本的な適用は用手による本結びと同様である。器械を用いて結紮を行う場合、これが「本結び」になるか「逆結び」になるかは、長いほうの糸を持針器に対してどちらの方向に回しかけるかで決まる。器械を使う本結びでは、糸のどちらかの端を長くとり、それを持針器に回しかけることによって結紮を行う。この場合、①「結紮する対象物の真上に持針器を置き」、②「長いほうの糸を持針器の上から回しかける」ようにすればよい。常にこの2つの原則を守れば逆結びにはならない。これをp.68のPitfallsで図解する。

手順

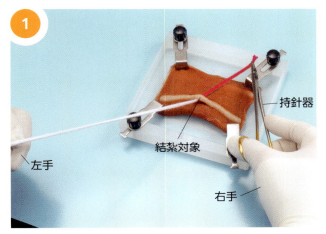

血管など(結紮対象)の下を通した手前の白糸を左手で、奥の赤糸を持針器で把持する。このとき、赤糸は白糸よりも短くしておく。

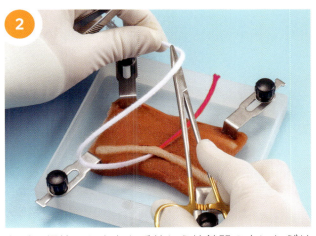

左手で把持した白糸を手前から持針器の上にかぶせるように1回巻きつける。

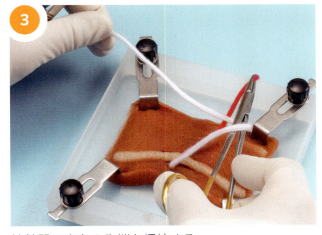

持針器で赤糸の先端を把持する。

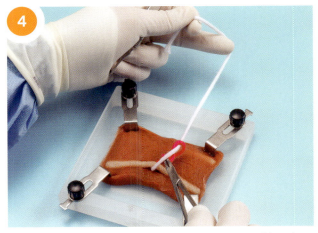

持針器で把持した赤糸を、白糸でつくった輪の中へ引き込む。

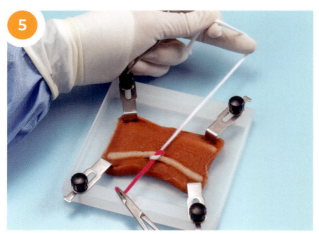

赤糸を手前に、白糸を奥に均等の力で強く引き、第一結紮を完了する。

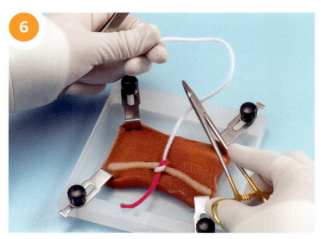

持針器を赤糸から離し、白糸の上に持針器を置く。このとき、持針器を糸の下に置き、手前からかぶせるように糸を回しかけると「逆結び」になるので注意する。

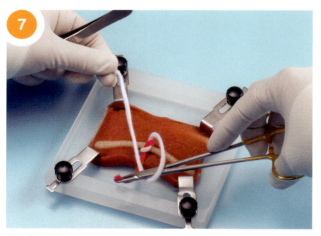

左手で把持している白糸を奥から持針器の上にかぶせるように1回巻きつけ、持針器で赤糸の先端を把持する。

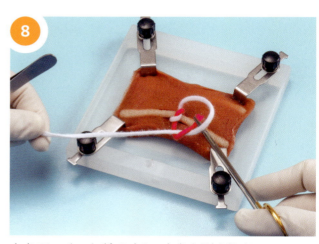

白糸でつくった輪の中に、赤糸を引き込む。

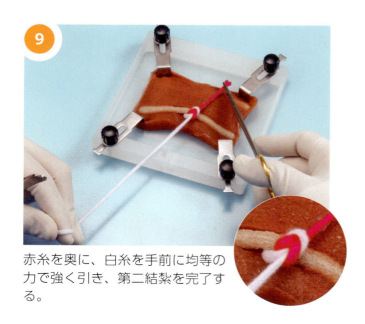

赤糸を奥に、白糸を手前に均等の力で強く引き、第二結紮を完了する。

器械　本結び

※本法の一連の手技を動画でご覧いただけます。

https://e-lephant.tv/ad/2003512

器械 逆結び

特徴

用手による逆結びと同様、緩みやすい結紮法であるため、手術での適用は限られる。とくに、器械を用いた結紮の場合は、持針器を介するために締める際の微妙な力加減が難しくなる。第二結紮によって第一結紮を同時に締めることが目的であれば、器械を用いた逆結びは避けたほうがよい。ここでは、器械を用いた本結びとの手技上の違いを確認していただきたい。

手順

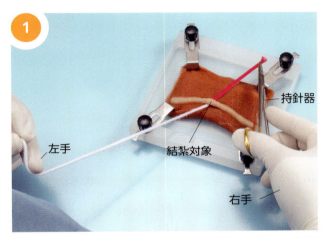

血管など（結紮対象）の下を通した手前の白糸を左手で、奥の赤糸を持針器で把持する。このとき、赤糸は白糸よりも短くしておく。

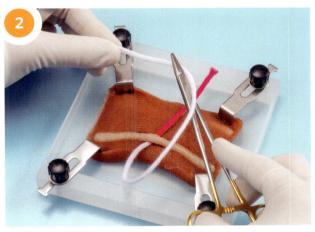

左手で把持した白糸を手前から持針器の上にかぶせるように1回巻きつける。

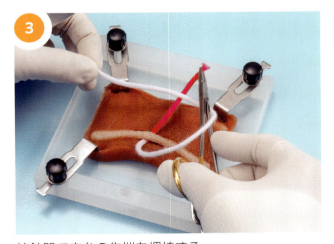

持針器で赤糸の先端を把持する。

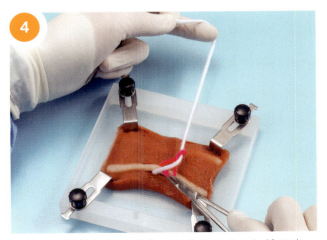

持針器で把持した赤糸を、白糸でつくった輪の中へ引き込む。

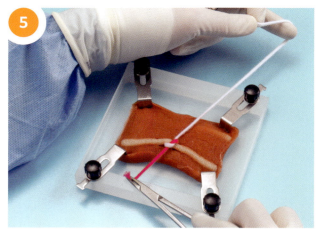

⑤ 赤糸を手前に、白糸を奥に均等の力で強く引き、第一結紮を完了する。ここまでは本結びと同様である。

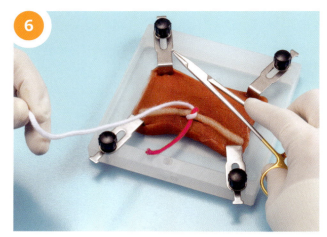

⑥ 赤糸を離し、持針器を奥に、白糸を手前に移動させる。

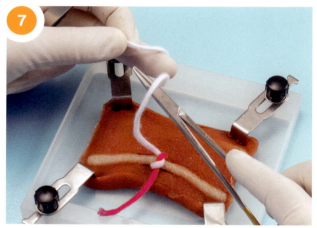

⑦ 持針器を白糸の下に置き、左手で把持している白糸を手前から持針器にかぶせるように1回巻きつける。

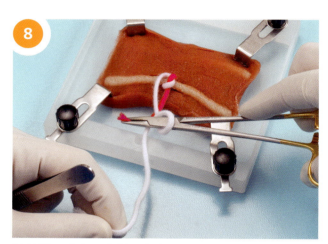

⑧ 持針器で赤糸の先端を把持する。

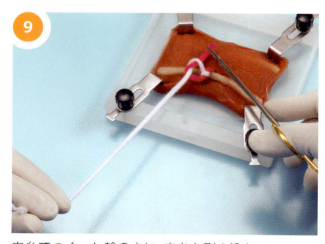

⑨ 白糸でつくった輪の中に、赤糸を引き込む。

⑩ 赤糸を奥に、白糸を手前に均等の力で強く引き、第二結紮を完了する。

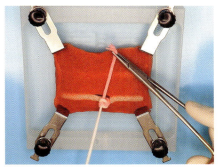

器械　逆結び

※本法の一連の手技を動画でご覧いただけます。

動画でわかる

https://e-lephant.tv/ad/2003514

Tips

本結び

逆結び

本結びと逆結びの結び目は特徴的なので、結び目から結紮法を判断できる。
本結び(男結び、スクエアノット)は赤と白の糸が線対称になる。結び目に張力がかかると、赤と白の糸が互いに噛み合い、緩むことがない。
逆結び(女結び、グラニーノット)は、赤と白の糸が点対称になる。結び目に張力がかかった場合でも、白と赤の糸が互いに噛み合わないため緩みやすい。

器械　外科結び

特　徴

結び目の構造は、基本的に本結びと同様であるが、第一結紮が二重になるため、第一結紮が緩みにくいのが特徴である。皮膚縫合のほか、閉腹時の筋膜および皮下組織の縫合や、腹腔臓器の摘出、断端処理、主要血管の結紮など、さまざまな用途に用いられる。ただし、外科結びでは結び目が大きくなるため、結紮を行う対象に対して、縫合糸の太さが適切であるかを確認したうえで本結びと使い分けることが重要である。

手　順

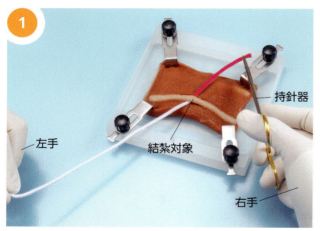

1. 血管など（結紮対象）の下を通した手前の白糸を左手で、奥の赤糸を持針器で把持する。このとき、赤糸は白糸よりも短くしておく。

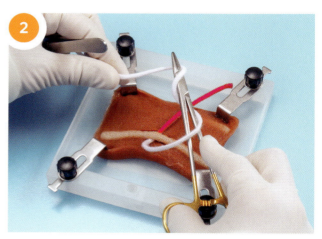

2. 左手で把持した白糸を手前から持針器の上にかぶせるように2回巻きつける。

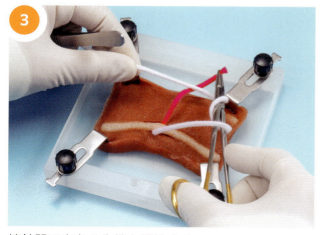

3. 持針器で赤糸の先端を把持する。

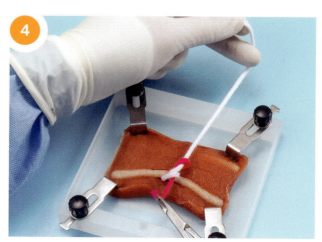

4. 持針器で把持した赤糸を、白糸でつくった輪の中へ引き込む。

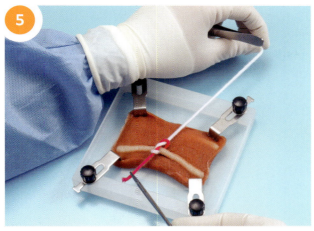

赤糸を手前に、白糸を奥に均等の力で強く引き、第一結紮を完了する。

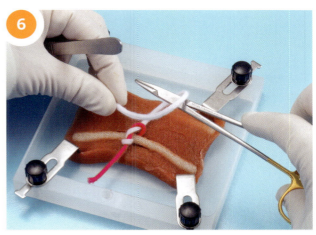

赤糸を離し、白糸の上に持針器を置く。このとき、持針器を白糸の下に置くと「逆結び」になるので、注意する。

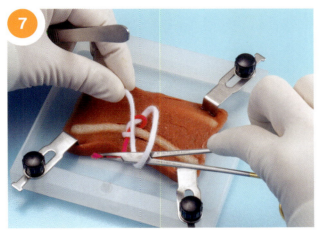

左手で把持している白糸を奥から持針器の上にかぶせるように1回巻きつけ、持針器で赤糸の先端を把持する。

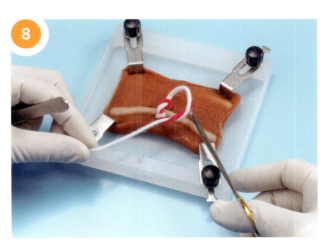

白糸でつくった輪の中に、赤糸を引き込む。

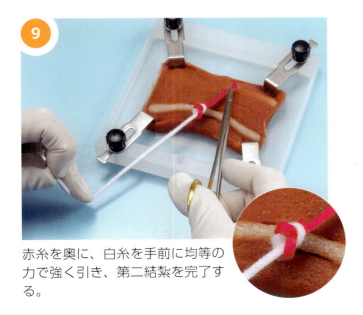

赤糸を奥に、白糸を手前に均等の力で強く引き、第二結紮を完了する。

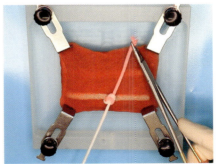

器械　外科結び

※本法の一連の手技を動画でご覧いただけます。

https://e-lephant.tv/ad/2003515

Column 6　鉗子／持針器の持ち方

サムリング・フィンガー・グリップ

- 鉗子／持針器の基本的な持ち方である。
- リングに母指と環指を浅く通し、中指はリングの上に添える。示指は柄に当てる。鉗子／持針器だけでなく、ほかの外科器具を持つときもこの指の使い方が基本となる。
- ラチェットを外すときは、下図の赤矢印の方向へ母指で鉗子を軽く押す。

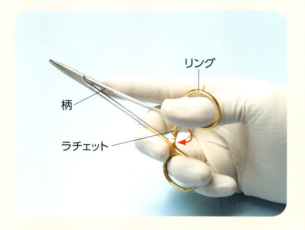

シナー・グリップ

- 母指球に上方のリングが接するように持ち、下方のリングに環指を通す。
- シナー・グリップはラチェットを外すときの反動で指を通していないほうのリングが跳ね上がってしまうことがあるので注意が必要である。

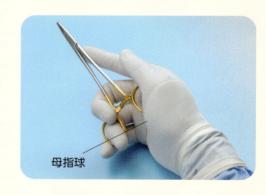

パームド・グリップ

- リングに指を通さず、母指球にリングが接するように握る。
- 最も強い力を入れることができ、硬い組織を縫合するときなどに有用である。一方で、針を細かく動かすことは難しいため正確性には劣る。また、針を外す際、ラチェットを外した後グリップし直す必要があり、ほかの持ち方と比べて時間がかかってしまう。
- 左手で右利き用の器具を使う場合、パームド・グリップではラチェットを外すことができないため、注意する。

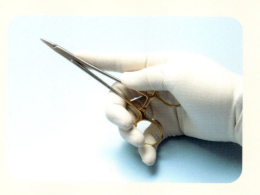

間違った鉗子／持針器の持ち方

NG 1 リングには母指と環指を通すべきであり、中指を通すのは間違い。鉗子だけでなく剪刀を持つときも同様で、中指は環指を通した鉗子のリングの上に添えるようにする。

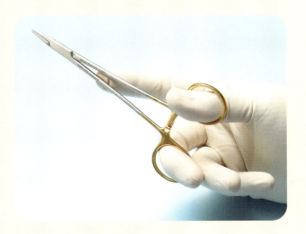

NG 2 リングに母指と環指を深く通すのは間違い。器具を持ち替えるときに指が抜けにくくなり、スムーズな手術を行えなくなってしまう。

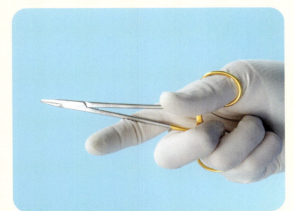

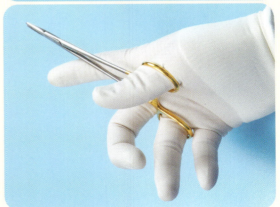

> **Tips**　ほとんどの鉗子、剪刀は右手での操作を前提につくられていることが多い。文房具のハサミと同様に左利き用の剪刀なども一部あるが、特殊な器具はほとんどないため、左利きの術者は右利き用の器具の操作を習熟するほうが得策かもしれない。
> また、利き手に関係なく左手での器具操作が必要となる場面もしばしばあるため、左右どちらの手でも器具を扱えるようになるとスキルアップにつながる。

第3章

縫　合

単純結節縫合　／　単純連続縫合
かがり縫合　／　水平マットレス縫合
垂直マットレス縫合　／　皮下水平縫合
皮下水平連続縫合　／　皮下垂直縫合
皮下垂直連続縫合　／　ギャンビー縫合
クッシング縫合　／　レンベルト縫合
単純結節吻合　／　単純連続吻合

単純結節縫合

特　徴

　おもに筋膜、皮下組織、皮膚の閉鎖に用いられる縫合法である。各縫合が独立しているため、部分的に糸が切れた場合でも創に大きな哆開（しかい）が生じないのが連続縫合との大きな違いである。ここでは、皮膚の単純結節縫合を例に解説するが、皮膚縫合は、虚血を防ぐために故意に緩い縫合を行う必要がある点でほかの組織における縫合とは異なる。この縫合で行う結紮は「外科結び」であり、第一結紮は緩みにくい。皮膚縫合では第一結紮の糸のテンションを固定した状態で第二結紮に移行することで意図的に緩い縫合が可能となる。

手　順

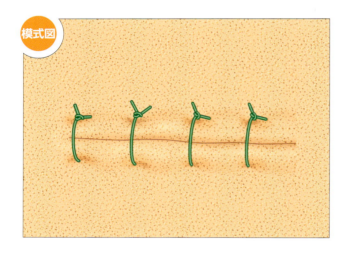

模式図

1

奥の皮膚から創縁に対して垂直に針を刺入する。針の刺入位置は皮膚の厚さによって変化し、皮膚が厚い場合には創縁から離れ、薄い場合には近くなる。

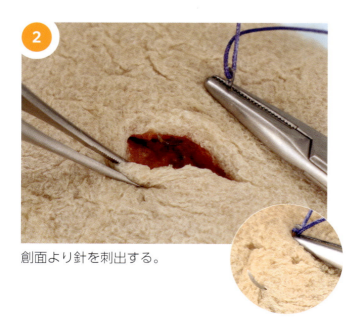

2

創面より針を刺出する。

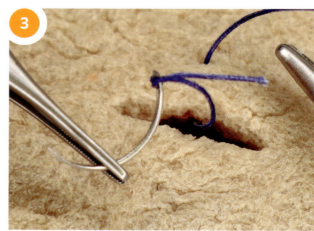

3

針の先端を鑷子または持針器で把持し、完全に貫通させる。

創縁から出した針を持針器で持ち直す。

手前の創面より針を刺入する。このときの刺入位置は、奥の創面から刺出した位置と皮膚からの深さが同じになるようにする。

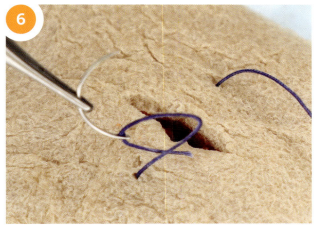

針の先端を持針器あるいは鑷子で把持し、針を引き抜く。皮下縫合や皮内縫合により、隣り合う創縁が密着している場合は直接手前の皮膚から刺出する。

奥の皮膚表面に糸を2〜3 cm残すように糸を引き、切開創の上に持針器を置く。

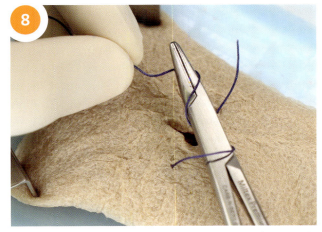

針がついているほうの糸を、持針器にかぶせるように2回巻きつける。

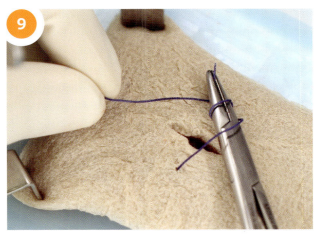

持針器で奥の皮膚から出ている糸の断端を把持する。

単純結節縫合

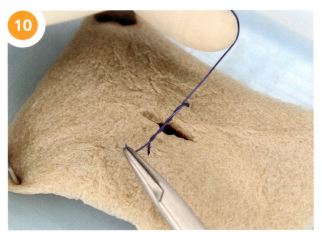

左手で把持した糸を奥へ、持針器で把持した糸を手前に均等な力で引く。

創縁が軽く接触するまで糸を締める。このとき、強く締めすぎると治癒過程で皮膚の虚血や瘢痕形成が生じるため注意する。

持針器と左手で把持した糸を術者側に寄せて、結び目をずらす。これによって第一結紮が固定され、糸のテンションを保ったまま第二結紮に移行できる。

持針器を再度創の上に置き、左手で把持した糸を奥から手前に向かって（矢印の方向へ）、持針器にかぶせるように1回巻きつける。

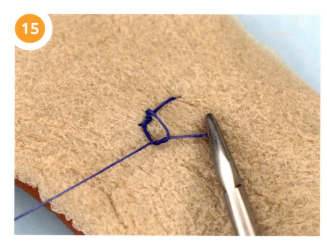

持針器で再び糸の断端を把持する。

持針器で把持した糸の断端を輪の中へ引き入れ、持針器を奥へ左手を手前に均等な力で引く。

Column 7 「バイト」と「ピッチ」とは？

バイトサイズ（bite）とは、縫合針の刺入位置から創縁までの距離および創縁から刺出位置までの距離のことである（⬌）。

ピッチサイズ（picth）とは、隣接する縫合と縫合の間の距離のことである（⬌）。

切開線をまたぐ縫合では、切開線を挟んだ両側のバイトサイズとピッチサイズを同じするのが理想である。

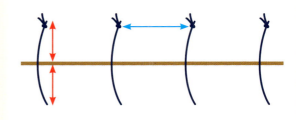

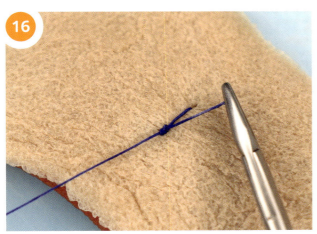

16 結び目が動かないように締め、第二結紮を完了する。外科結びであっても強く締めすぎると第一結紮のテンションが変わってしまうため注意する。

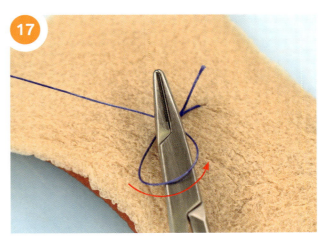

17 第二結紮と同様、持針器を再度切開創の上に置き、左手で把持した糸を手前から奥に向かって（矢印の方向へ）、持針器にかぶせるように1回巻きつける。

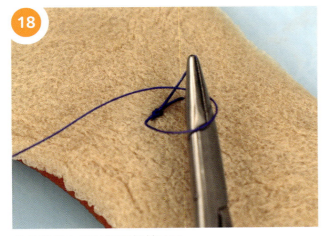

18 糸の断端を持針器で把持する。

19 持針器で把持した糸の断端を輪から引き抜き、均等な力で締める。

20

単純結節縫合

※本法の一連の手技を動画でご覧いただけます。

https://e-lephant.tv/ad/2003516

余分な糸を切り、単純結節縫合を完了する。糸はピッチサイズより少しだけ短く残して切ると、次の縫合の際に邪魔にならない。

Pitfalls

p.66の手順13で、「持針器を再度創の上に置き、左手で把持した糸を奥から手前に向かって、持針器にかぶせるように1回巻きつける」とあるが、このとき持針器を長い糸の下に置き、手前から奥へ向かって巻きつけると逆結びになるので注意する。

単純連続縫合

特　徴

単純連続縫合は、単純結節縫合と比べて手術時間の短縮と縫合糸の節約が可能となり、切開創での結び目が少なくなるため感染のリスクを減らすことができる。

この縫合法に限らず、単純結節縫合と連続縫合の最も大きな違いは、前者では切開創と平行な方向への組織の伸展が阻害されないのに対し、後者では糸の長さによって組織の伸展に限界が生じることである。それゆえ、縫合法は、閉鎖した後に創に作用する引張力の方向も考慮して決める必要がある。

単純連続縫合は、皮膚、皮下組織、筋膜、腹膜、消化管など、さまざまな部位に適用されるが、糸が連続しているために1カ所で糸が切れた場合には閉鎖創の全長で離開が生じる。縫合する創が長いときは、これを防ぐために途中で結紮をしておくとよい。また、創縁に対して糸が斜めにかかることから、単純結節縫合やかがり縫合のような糸が垂直にかかる方法に比べて創縁がずれやすい。厳密に合わせたい部位を単純連続縫合1層のみで縫合することは避けるべきである。手術時間の短縮を目的として皮膚などを連続縫合する場合は、筆者はかがり縫合（p.72、73）を推奨する。

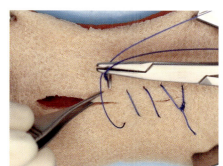

単純連続縫合

※本法の一連の手技を動画でご覧いただけます。

https://e-lephant.tv/ad/2003517

手　順

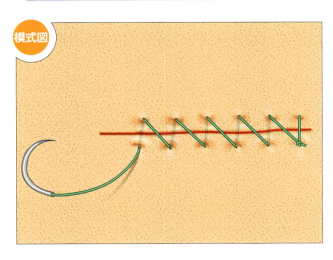

1針目は単純結節縫合を行い、長く残した糸がついた縫合針で単純連続縫合を開始する。

2針目以降は、単純結紮縫合と同様に、奥の皮膚から針を創縁に対して垂直に刺入し、手前の皮膚から刺出する。

ピッチサイズがそろうよう針を刺入し、1針ずつ糸を締め、創縁を合わせながら縫合を進める。

この縫合では、糸が緩みやすいため、助手に手前の皮膚から出た糸(▶)を軽く引いてもらいながら縫合するとよい。

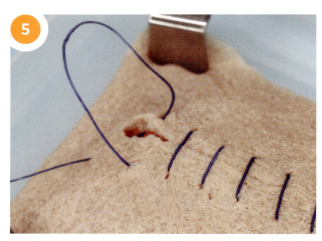

創の末端部での結紮のために、結紮する1つ前の糸は緩めに輪を残しておく。

左手で把持している針のついた糸を持針器に2回巻きつけ、残した輪の頂点(中心)を持針器で把持する。

第一結紮を行う。この際、結び目は創縁上ではなく、最後の針の刺出位置につくる。

⑧ 続いて、第二および第三結紮を行う。

⑨ 余分な糸を切り、縫合を完了する。

かがり縫合

特　徴

　かがり縫合は、皮膚の連続縫合である。縫合糸が創縁に対して斜めに交差する単純連続縫合とは異なり、かがり縫合では垂直となるため、創縁の圧着効果が高くなる。また、「かがる」ことによって1針ずつ縫合糸が固定されるため、縫合中の糸が緩みにくい利点がある（別名：インターロッキング縫合）。

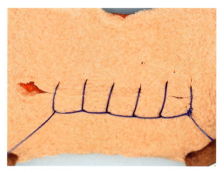

かがり縫合

※本法の一連の手技を動画でご覧いただけます。

https://e-lephant.tv/ad/2003518

手　順

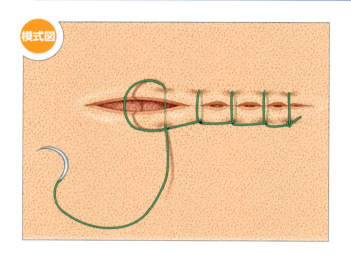

模式図

1針目は単純結節縫合を行い、かがり縫合を開始する。

2針目以降は、単純結節縫合と同様に、奥の皮膚から針を創縁に対して垂直に刺入し、手前の皮膚から刺出する。

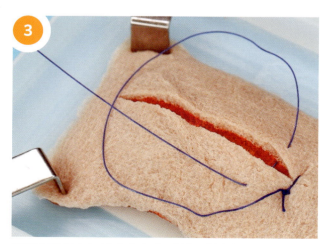

手順2でできた輪の中から手前に針を通す。

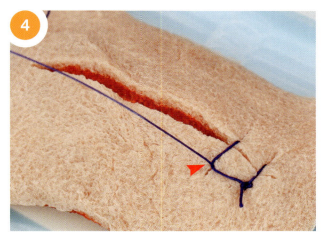

糸を締めると、手前の皮膚の刺出部位で縫合糸が直角に交差するため（▶）、糸の緩みが生じにくくなる。

3針目以降は手順2〜4を繰り返して縫合を進める。

最後の結紮では、1つ前の縫合でできる輪を締めずに残しておき、これと針がついている糸で外科結びを行う。

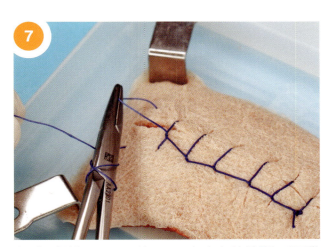

左手で把持している針のついた糸を持針器に2回巻きつけ、残した輪の頂点（中心）を持針器で把持する。

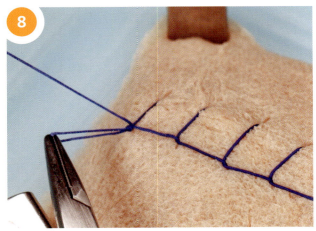

第一結紮を行う。この際、結び目は創縁上ではなく、最後の針の刺出位置につくる。

続いて、第二および第三結紮を行い、余分な糸を切って縫合を完了する。

水平マットレス縫合

特　徴

　水平マットレス縫合は並置縫合であるため、縫合糸の張力によって組織にかかる力を分散させることができる。ゆえに、縫合によって強い緊張が生じる創、例えば乳腺腫瘍切除のような広範囲にわたる皮膚欠損をともなう創などの縫合に適している。

水平マットレス縫合

※本法の一連の手技を動画でご覧いただけます。

https://e-lephant.tv/ad/2003519

手　順

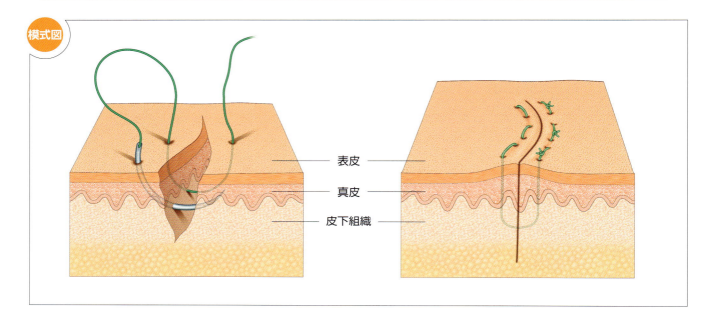

模式図／表皮／真皮／皮下組織

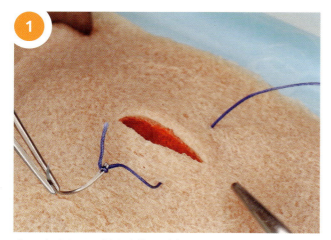

① 奥の皮膚から、針を創縁に対して垂直に刺入し、同じバイトサイズになるよう手前の皮膚から刺出する。

② 針を180度反転させて持ち替える。

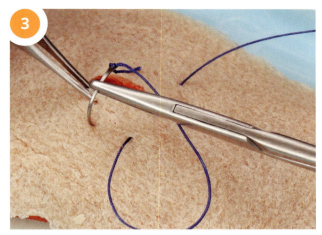

2針目はバイトサイズと同等のピッチサイズで、針を創縁に対して垂直になるよう手前の皮膚から刺入する。

バイトサイズ、ピッチサイズがそろうように、奥の皮膚から針を刺出する。

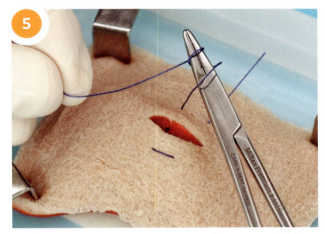

針がついている糸を持針器に2回巻きつけ、最初の刺入部に短く残した糸の断端を持針器で把持して、第一結紮を行う。以降の手順は、「器械　外科結び」と同様である。

続いて、第二および第三結紮を行って、縫合を完了する。

垂直マットレス縫合

特徴

　垂直マットレス縫合は、水平マットレス縫合と同様に並置縫合であるため、組織にかかる張力を減ずることができる。垂直マットレス縫合では、組織のより深い部位を縫合糸が通るため、創面の圧着面積が水平マットレス縫合より広くなる。テンションのかかる皮膚や深い創に適している。

垂直マットレス縫合

※本法の一連の手技を動画でご覧いただけます。

https://e-lephant.tv/ad/2003520

手順

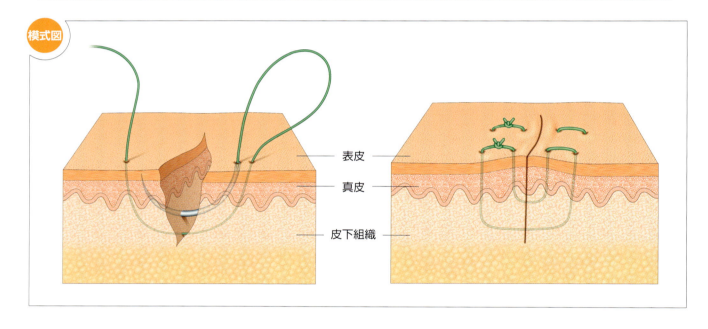

模式図

表皮
真皮
皮下組織

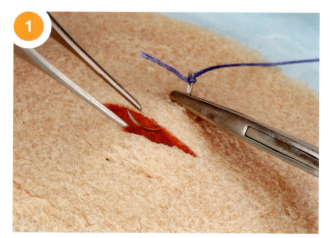

① 奥の皮膚から、針を創縁に対して垂直に刺入する。単純結節縫合よりもバイトサイズを1.5〜2倍程度大きくとる。

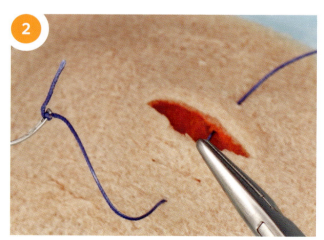

② 同じバイトサイズになるよう、手前の皮膚から針を刺出する。

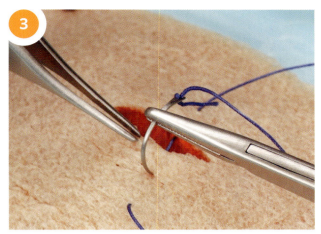

針を180度反転させて持ち替え、半分のバイトサイズで針を創縁に対して垂直に刺入する。

同じバイトサイズをとって奥の皮膚から針を刺出する。

針のついている糸を持針器に2回巻きつけ、最初の刺入部に短く残した糸の断端を持針器で把持して第一結紮を行う。

続いて、第二および第三結紮を行って、縫合を完了する。

Tips

水平マットレス縫合は、比較的浅い創で張力の強い皮下組織（広範囲に及ぶ皮膚欠損がある場合など）や、筋膜などの縫合（膝関節の関節筋膜など）に用いられることが多い。垂直マットレス縫合に比べて迅速に縫合が可能である。皮膚縫合では、針を刺入した組織の厚みや針の刺入角度によっては、結紮時に皮膚が外反することがあるため、皮膚縫合を行う前に皮下組織および皮内縫合を加えて2層縫合とし、創面を極力密着させておく。

一方、垂直マットレス縫合は針を大きく深く刺入するため、創面の接触面積を大きくでき、深い創で皮下組織に生じやすい死腔を減らす効果がある。また、水平マットレス縫合と比べて深い位置にまで縫合針を刺入するため組織の密着力が高く、縫合後の皮膚の外反が少ない。しかし、針の刺入深度に注意しながら運針をする必要があるため、水平マットレス縫合に比べ縫合に時間がかかる。皮膚が薄く皮下組織が乏しい部位の縫合には向かない。

皮下水平縫合

特　徴

　皮膚の切開ラインに対して、縫合糸が水平に位置する縫合法であり、おもに皮下組織の縫合で用いられる。単純結節縫合では糸が点で組織を牽引するため、針の刺入部で裂離が生じやすいが、水平縫合では2点間の線で組織を索引するため、張力を分散させることができる。広範囲にわたって皮膚欠損が生じた術創では、皮膚縫合に先行して皮下組織に水平縫合を行っておくことで、縫合後の皮膚に生じる張力を軽減することができる。また、本縫合法は皮下組織以外にも、筋および筋膜の縫合にも適用される。

手　順

1

鑷子で手前の皮下組織を露出する。切開創と平行に針を持つ。

2

露出した皮下組織に針を刺入し、同じ創面から刺出する。このとき、創縁に対して平行に運針する。

3

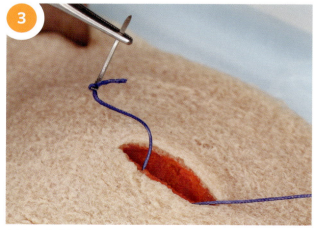

刺出した針を鑷子もしくは持針器で把持して引き抜く。

4

針を180度反転させて持ち替える。奥の皮下組織に針を刺入し、同じ創面から刺出する。手前と奥で糸がかかる深さをそろえるとよい。

5

刺出した針を持針器で把持して引き抜く。

6

結紮は本結びもしくは外科結びで行い、縫合を完了する。糸は切開創から露出しない長さで切る。

皮下水平縫合

※本法の一連の手技を動画でご覧いただけます。

https://e-lephant.tv/ad/2003521

皮下水平連続縫合

特　徴

　皮下水平縫合を連続で行う方法であり、適応は皮下水平縫合と同様である。広範囲にわたる皮膚欠損部の縫合において、皮下組織を短時間で縫合する目的で使用される。ただし、本縫合法では糸が創縁と平行に近い形で直線的に位置することになるため、皮下垂直連続縫合と比べて創面の圧着力が劣ることと、縫合後は組織中の糸によって切開方向への皮膚の伸展が制限されることに注意する必要がある。

手　順

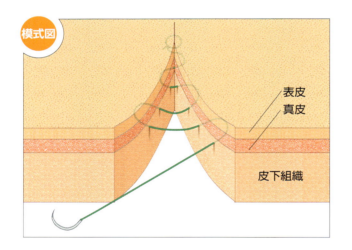

はじめに創の端に皮下水平縫合を1回行い、結紮後の糸で連続縫合を開始する。

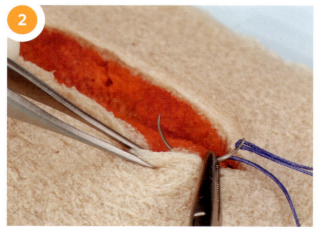

創に平行に針をもち、鑷子で露出した皮下組織に針を刺入する。表皮に対して平行に針を進め、同じ創面から刺出する。

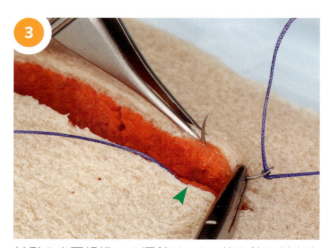

対側の皮下組織への運針は、1つ前の針の刺出点（▶）から少し後方に刺入し、表皮に平行となるよう同じ創面から刺出する。

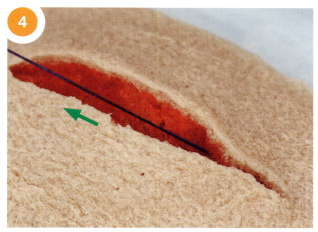

創縁が密着するように、縫合の進行方向（→）へ糸を引く。

ピッチサイズを均等にとり手順2〜4を繰り返し、運針する。

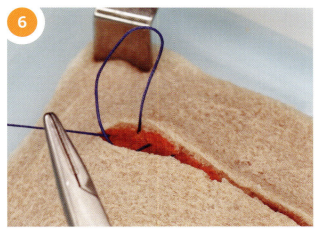

創の最後の結紮のために、結紮する1つ前の糸は緩く輪を残す。

残した輪を用いて単純結節縫合を行う。針のついた糸を持針器に2回巻きつける。

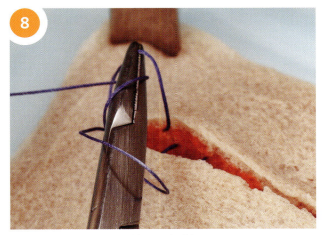

残した輪の頂点を持針器で把持する。

第一結紮を行う。

皮下水平連続縫合

❿ 続いて、第二および第三結紮を行って、縫合を完了する。

皮下水平連続縫合

※本法の一連の手技を動画でご覧いただけます。

https://e-lephant.tv/ad/2003522

Column 8　鑷子の持ち方

ペンシル・グリップ

　ペンを持つように、鑷子の柄に母指、示指および中指を添える。操作性が高く、基本的な持ち方としてこの方法に慣れるとよい。

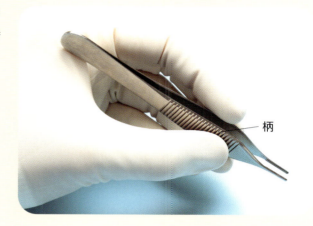

柄

フィンガー・グリップ

　ペンシル・グリップと異なり、鑷子を上から把持する方法。中指、環指、小指で鑷子の柄を持ち、母指と示指を添える。組織を強く把持したいときにこの持ち方を適用する。操作性はペンシル・グリップには劣り、細かい作業をするときには適さない。また組織を把持するときに先端に強い力が加わるため、先端が繊細な鑷子（例えばマイクロアドソン鑷子）ではこの持ち方により歪んでしまう可能性がある。

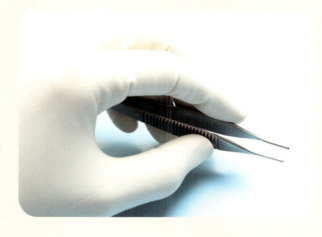

皮下垂直縫合

特　徴

皮下垂直縫合は、おもに皮下組織の縫合に適用される。結紮部位がより深部に位置するため、皮膚が薄く皮内縫合が困難な動物の皮膚縫合や、創から結節を出したくない部位の縫合に適している。

手　順

鑷子で手前の創面を露出する。

皮下組織の深部に針を刺入し、同じ創面の浅部から刺出する。

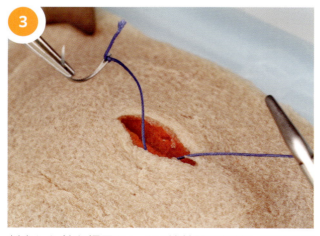

刺出した針を鑷子もしくは持針器で把持して引き抜く。

鑷子（もしくは左手）で針を持ち替え、鑷子で対側の創面を露出する。

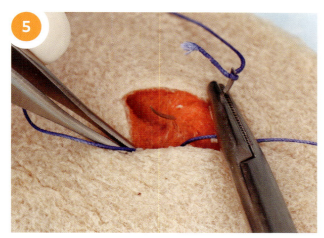

対側の皮下組織の浅部に針を刺入し、深部から刺出する。

刺出した針を持針器で把持して引き抜く。

結紮は本結びもしくは外科結びで行い、縫合を完了する。単純結節縫合を皮膚に対して上下逆に行うことで、結節がより深い位置に形成される。

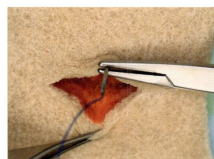

皮下垂直縫合

※本法の一連の手技を動画でご覧いただけます。

https://e-lephant.tv/ad/2003523

皮下垂直縫合

皮下垂直連続縫合

特　徴

　皮下垂直縫合を連続で行う縫合法である。縫合の手順は、皮膚における単純連続縫合と同様であるが、皮下縫合であるため、始点と終点における結節が皮下組織深部に位置する点が異なる。とくに皮膚が薄く皮下縫合が困難な動物において、皮膚を寄せる目的での皮下縫合に有効であるが、1カ所で糸が切れると、創全体に影響が及ぶ点に注意する必要がある。

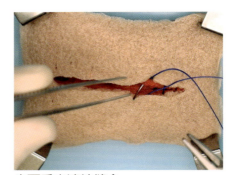

皮下垂直連続縫合

※本法の一連の手技を動画でご覧いただけます。

https://e-lephant.tv/ad/2003524

手　順

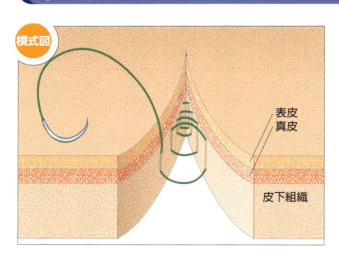

模式図　表皮／真皮／皮下組織

1 はじめに結節が皮下組織内に位置するよう皮下垂直縫合を行い、ここから連続縫合を開始する。

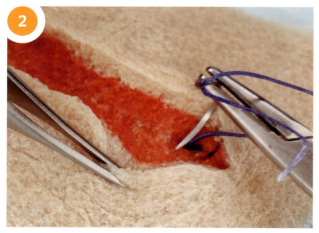

2 皮下垂直縫合と同様、針は手前の創面の皮下組織深部に刺入し、浅部から刺出する。

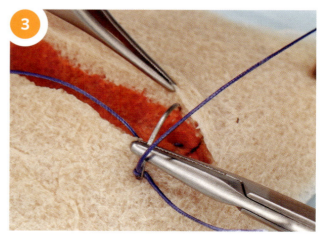

3 続いて、対側の皮下組織浅部に刺入し、深部から刺出する。

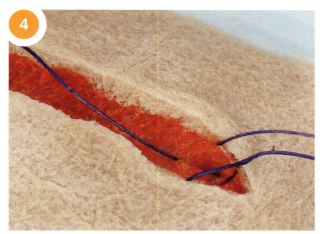

このとき（手順3）の深部から針の刺出位置は、縫合の進行方向の少し前方、表皮からの深さは対側と同じぐらいの位置とする。

ピッチサイズを均等にとり、1糸ずつ糸を締める。

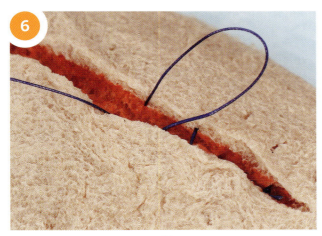

手順2～5を繰り返して運針する。

創の最後の結紮のために、結紮する1つ前の糸は締めずに緩く輪を残しておく。

残しておいた輪と最終刺出点から出ている糸で単純結節縫合を行う。

糸が皮膚から露出しない長さで切り、縫合を完了する。

ギャンビー縫合

特　徴

　ギャンビー縫合は、単純結節縫合や単純連続縫合と同様の並置縫合であり、おもな適応は管腔構造を有する胃や腸管の縫合である。本縫合法では、粘膜の外反を抑えながら粘膜下組織を並置することが可能であり、粘膜下組織、筋層を並置し、密着させることで腸管内容物の漏出を防ぐ。一方、運針が複雑であるため、縫合に時間を要することが欠点であり、組織への医原性損傷にも留意する必要がある。

手　順

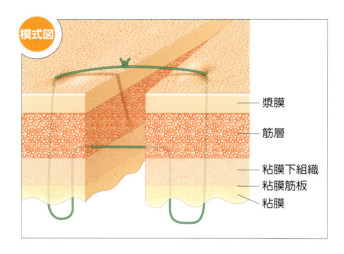

胃や腸管の漿膜面から縫合を開始する。単純結節縫合よりバイトサイズを大きくとり、創縁に対して垂直に針を刺入する。右図は粘膜面から見た針の様子。

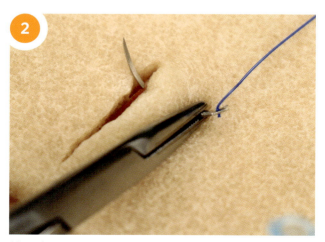

針は全層を貫通させて粘膜面から刺出し、一度創から出す。

針を180度反転させて持針器で持ち替える。

④ 半分のバイトサイズで粘膜面から針を刺入し、同じ創面の筋層から刺出する。

⑤ 針を引き抜き、創から出す。このとき、粘膜面では創縁に対して垂直に糸が設置されている（右図）。

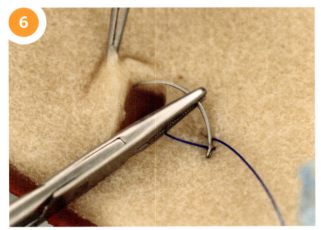

⑥ 持針器で針を持ち替え、対側の創面の筋層に針を刺入する。このとき、手順4の刺出点と位置を合わせる。

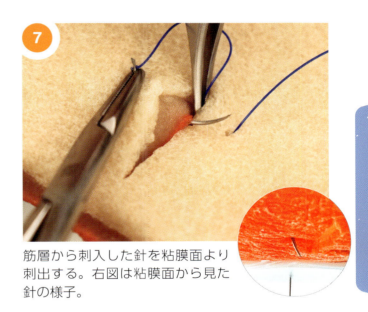

⑦ 筋層から刺入した針を粘膜面より刺出する。右図は粘膜面から見た針の様子。

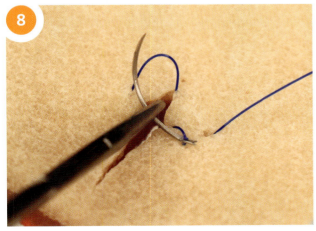

⑧ 針を引き抜き、180度反転させて持針器でもち替える。

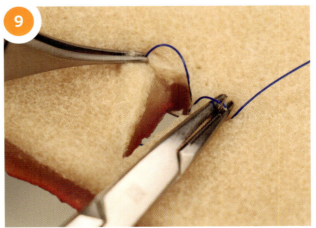

⑨ バイトサイズを2倍とり、粘膜面から創縁に対して垂直に針を刺入する。

ギャンビー縫合

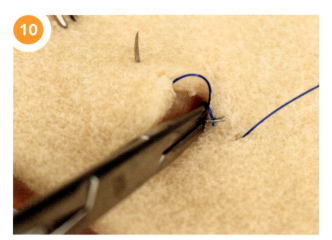

⑩ 全層を貫通させて漿膜面から針を刺出する。

⑪ 針がついていないほうの縫合糸の断端を結紮に必要なぶんだけ残し、ここから結紮に移る。粘膜面では粘膜に食い込むように糸が設置されている（右図）。

⑫ 漿膜面で、単純結節縫合を行ってギャンビー縫合を完了する。縫合する対象物によっても変わるが、縫合のピッチは3〜5 mmとする。

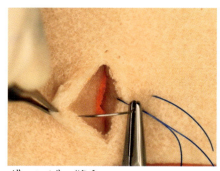

ギャンビー縫合

※本法の一連の手技を動画でご覧いただけます。

https://e-lephant.tv/ad/2003525

クッシング縫合

特徴

クッシング縫合は、おもに胃、膀胱、子宮などの管腔構造を有する臓器の2層縫合の2層目として適用される内反縫合である。本縫合法において最も重要なことは、縫合する組織の粘膜下組織に針を確実に貫通させることである。また、縫合糸は管腔内の粘膜面に露出しないため、胃液や尿の影響を受けない。通常、胃、膀胱、子宮などの縫合では、1層の並置縫合でも十分な抗張力を得られるが、並置縫合をした後に内反縫合を加え、2層縫合とすることで内容物が漏出するリスクを下げることができる。

手順

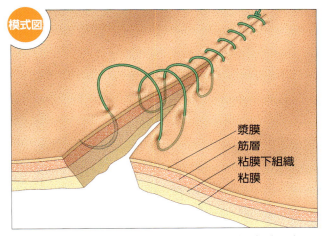

この手順の説明では、1層目をほかの縫合法で行った後の2層目の縫合として解説する。

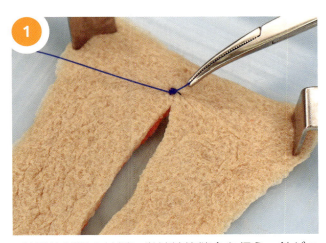

1針目は創縁の外側に単純結節縫合を行う。針がついていない糸の断端をモスキート鉗子などで把持して支持糸とする。

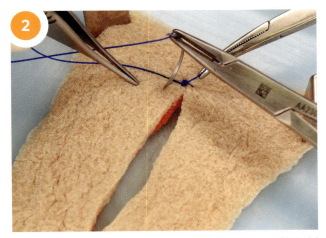

創縁に対して平行になるように、漿膜面から針を刺入する。ピッチサイズやバイトサイズは縫合する対象物によって変える。

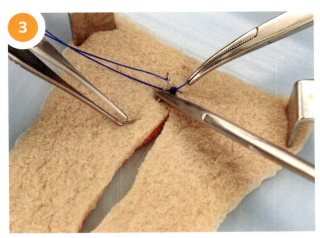

筋層と粘膜下組織に確実に針を通して漿膜面から刺出する。このとき、針を粘膜面まで貫通させないよう注意する。

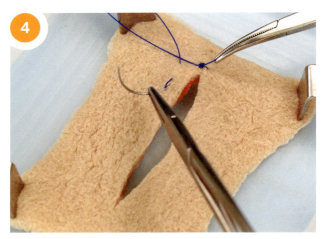

針を引き抜く。

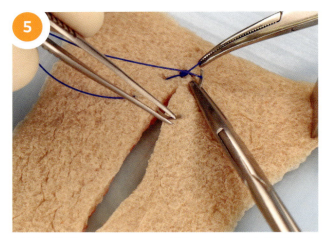

対側の漿膜面において、手順3の刺出点と切開線を挟んで対称の位置から創縁に対して平行になるように針を刺入し、同様に運針する。

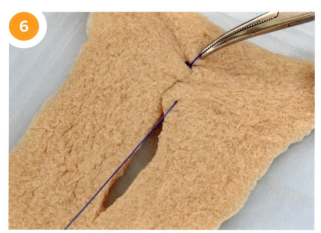

糸を締め、創縁を内反させながら漿膜面どうしを密着させる。

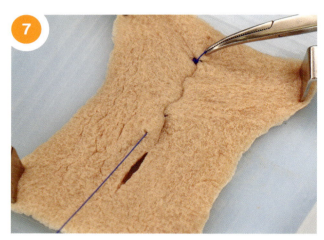

3針目以降も同様の縫合を繰り返す。糸は2〜3糸ごとに締め、漿膜面どうしを確実に密着させる。

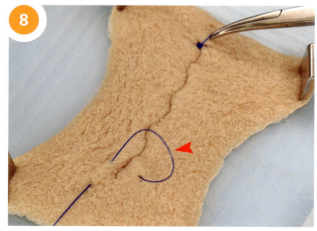

最後の結紮のために、結紮する1つ前の糸は締めずに緩く輪を残す（▶）。

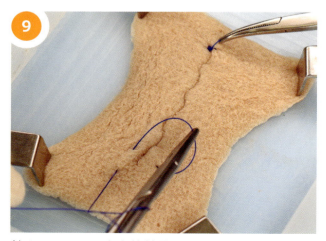

針のついている糸を持針器に2回巻きつけ、残した輪の頂点（中心）を把持する。

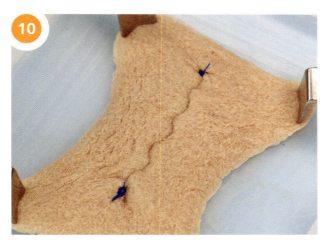

⑩ 針のついている糸と残した輪で外科結びを行い、縫合を完了する。

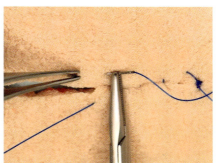

クッシング縫合

※本法の一連の手技を動画でご覧いただけます。

動画でわかる

https://e-lephant.tv/ad/2003526

レンベルト縫合

特徴

レンベルト縫合はクッシング縫合と同様に、内反縫合の一種である。胃、膀胱、子宮などの管腔構造を有する臓器の縫合によく用いられる。特別な場合を除き、2層縫合の2層目として用いられる。本縫合法では、針と糸が粘膜面を貫通しないため管腔内に糸が露出せず、胃液や尿の影響を受けない。

手順

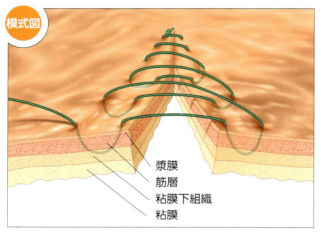

この手順の説明では、1層目をほかの縫合法で行った後の2層目の縫合として解説する。

1針目は創の端より少し外側を縫合する。創縁の片側で漿膜面に針を刺入して筋層、粘膜下組織を通過させ、同じ側の創縁近くから刺出する。

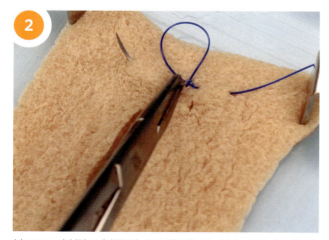

続いて、対側の創縁近くの漿膜面に針を刺入し、筋層、粘膜下組織を通して少し離れた漿膜面から刺出する。

刺出した針を引き抜く。

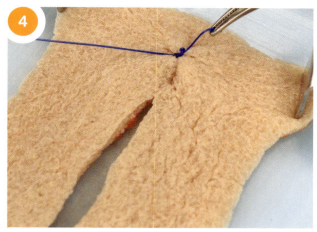

外科結びあるいは本結びを行う。このとき創縁を内反させ、漿膜面どうしを密着させる。糸の断端は支持糸とする。

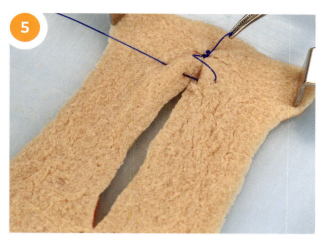

2針目以降は、最初の刺入点から3〜5 mmのピッチサイズをとり、同じバイトサイズで、手順1〜3と同様に運針する。

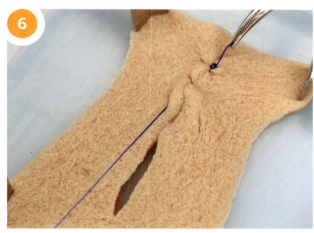

2〜3針ごとに、漿膜面どうしが確実に密着するよう糸を締めながら縫合を進める。

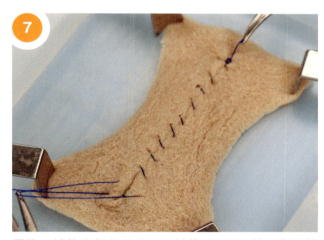

最後の結紮を行うために、結紮する1つ前の糸は締めずに緩く輪を残しておく。

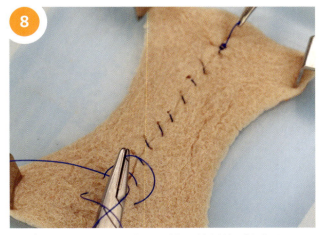

針がついている糸と残した輪で外科結びを行う。

余分な糸を切り、縫合を完了する。

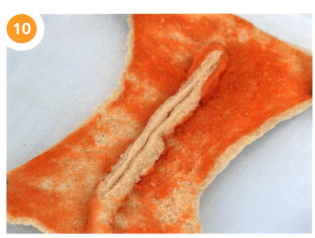

⑩ 縫合後の外観（粘膜面）。創縁が内反し、漿膜面どうしが密着している。

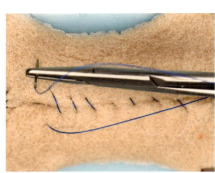

レンベルト縫合

※本法の一連の手技を動画でご覧いただけます。

動画でわかる

https://e-lephant.tv/ad/2003527

| Column 9 | メス刃の扱い |

　メス刃は必ず鉗子などを用いて着脱する。小動物臨床では金属製のメスホルダーが使われることが多いが、メス刃があらかじめついているディスポーザブルのメスも市販されている。

メス刃の装着方法

1 メス刃の峰側を鉗子で保持する。

2 メス刃の凹みをメスホルダーの先端の溝に合わせてスライドさせる。

3 カチッと装着されるまでメス刃をスライドさせる。

メス刃の外し方

1 メス刃の基部を鉗子で保持する。

2 メス刃を浮き上がらせ、メスホルダーとの固定を解除する。

3 先端に向かってスライドさせてメス刃を外す。

Tips

メスの脱着時、術者・助手ともにメス刃の取り扱いには十分な配慮が必要である。助手が術者にメスを渡す際には、必ず刃先を自分に向け、術者はメスホルダーを確実に握り、受け取る。また、手術のおわりには洗浄時の事故を防ぐために、メス刃をメスホルダーから外した状態で、洗浄すること。

単純結節吻合

特　徴

　腸管の縫合で使用される単純結節縫合は、漿膜、筋層、粘膜下組織、粘膜面までの全層を貫通する並置縫合である。縫合の方法は皮膚縫合と同様であるが、皮膚と腸管の縫合における大きな違いは、縫合後に密着させる組織の違いである。皮膚縫合では、創縁を内反させて表皮どうしを密着させてしまうと癒合が生じないが、腸管の縫合では表層の漿膜どうしを密着させる必要がある。この2つを使い分けるためには、縫合における運針方法の違いを理解する必要がある。また、腸管の縫合では、脂肪が多い腸間膜側で縫合不全が生じやすいため、ここでは腸管組織を確実に視認しながらの運針が必要となる。さらに、粘膜面のバイトサイズを漿膜面よりも若干小さくして運針することも管腔構造の組織を縫合する際のポイントである。

　なお、本稿では、腸鉗子や用手による腸管の保持は行っていないが、実際の手術では、腸鉗子などを用いて術者による縫合が容易な位置に腸管を定位させる。

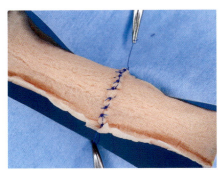

単純結節吻合

※本法の一連の手技を動画でご覧いただけます。

https://e-lephant.tv/ad/2003502

手　順

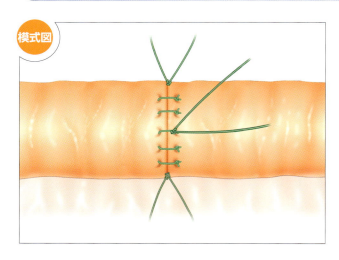

模式図

① 対腸間膜側／腸間膜側

はじめに腸間膜付着部を縫合する。2〜3 mm程度のバイトサイズをとって漿膜面に針を刺入し、粘膜面までの全層を貫通させる。このとき粘膜面のバイトサイズは漿膜面より小さくする。

❷

対側の粘膜面に針を刺入し、漿膜面から刺出する。このときも同様に、粘膜面のバイトサイズが漿膜面よりも小さくなるよう運針する。

❸

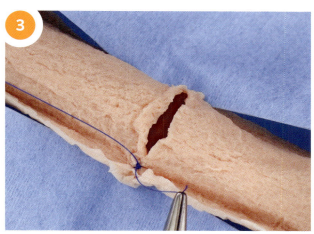

外科結びを行い、糸は長く残してモスキート鉗子などで把持して支持糸とする。結紮が強すぎると組織の虚血や裂離が生じるため、漿膜面どうしが密着する最低限の張力で行う。

❹

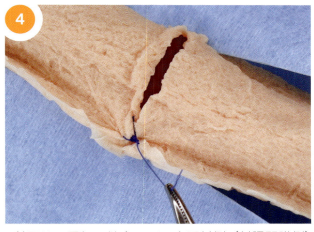

2針目は、最初の縫合の180度反対側（対腸間膜側）を同様に縫合する。結紮後の糸を同様に支持糸とする。

❺

両支持糸間を片面ずつ縫合する。ピッチサイズは2～3 mmとし、縫合する腸管径と腸管壁の厚さによって適宜調節する。

❻

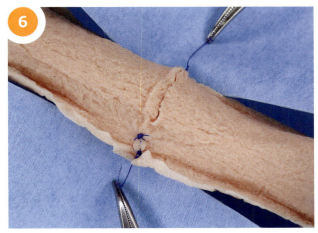

前面の縫合が完了したら、腸管を反転させて後面も同様に縫合する。

❼

全周の縫合が完了したら、リークテスト（p.102 Column 10 参照）を行い、内容物の漏出がないことを確認し、吻合完了とする。

単純結節吻合

単純連続吻合

特　徴

単純連続吻合は、単純結節吻合と同様、腸管の漿膜、筋層、粘膜下組織、粘膜の全層を貫通する並置縫合である。連続縫合であるがゆえに、1カ所で糸の断裂が生じると創の離開が生じるリスクがあるが、これはほかの連続縫合と同じである。

単純結節吻合との比較において合併症の発生率には差がないことに加え、単純連続縫合のほうが粘膜の外反や癒着が少ないことが報告されている。しかし、腸管では管腔の狭窄を避けるために、連続縫合は最低でも2回に分けて行うべきである。縫合の始点は単純結節吻合と同様に、腸間膜側と対腸間膜側の2点とする。

手　順

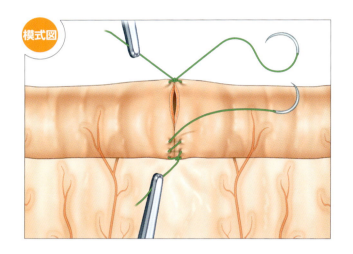

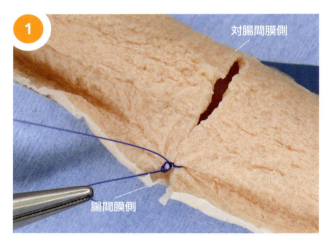

最初に腸間膜側で全層の単純結節縫合を行う。バイトサイズは2～3 mm程度とし、粘膜面のバイトサイズは漿膜面よりも小さくする。

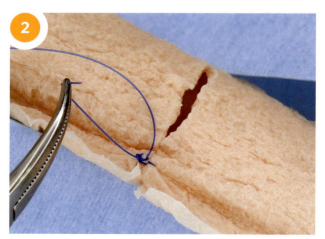

結紮後は、針がついていないほうの糸を切らずに残し、モスキート鉗子などで把持して支持糸とする。

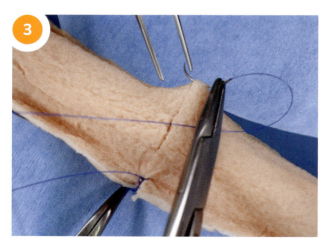

最初の縫合の180度反対側（対腸間膜側）でも同様に全層の単純結節縫合を行い、針がついていないほうの糸を支持糸とする。

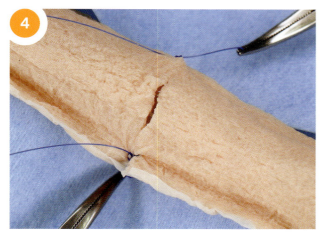

連続縫合は、この2カ所を始点に腸管全周を2区画に分けて縫合する。

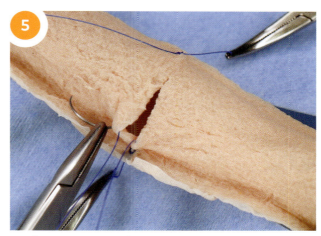

まず腸間膜側の針がついている糸を使用して、対腸間膜側へ向かって縫合を進める。ピッチサイズは2～3 mmとし、腸管径や壁の厚さにより調整する。

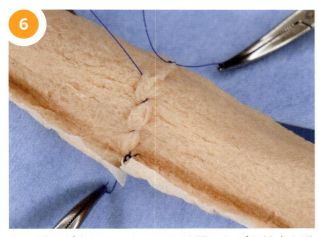

糸に緩みが生じていないかを確認しながら縫合を進める。

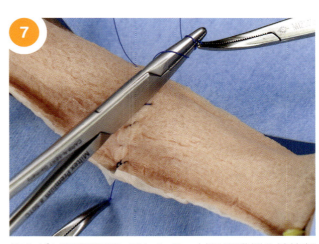

縫合が対腸間膜側に達したら、対腸間膜側の結節部を越えて1糸だけ全層に針を貫通させる。対腸間膜側の支持糸と外科結びを行い、1区画目の単純連続縫合を完了する。

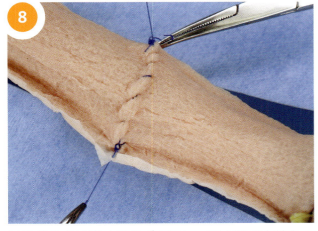

結紮後の糸は短く切らずに残し、引き続き支持糸として使用する。

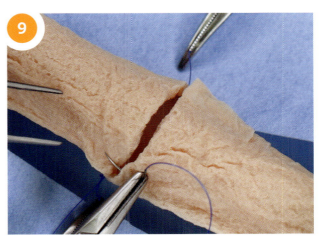

腸管を反転し、対腸間膜側の針がついている糸を使用して、腸間膜側へ向かって2区画目の縫合をはじめる。

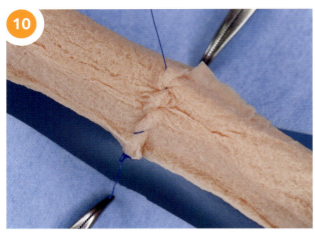

糸に緩みが生じていないかを確認しながら縫合を進める。

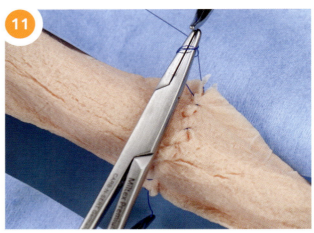

縫合が腸間膜側へ達したら、対腸間膜側の結節部を越えて1糸だけ全層に針を貫通させる。腸間膜側の支持糸と外科結びを行い、縫合を完了する。

リークテストを行い、内容物の漏出がないことを確認し、吻合完了とする。

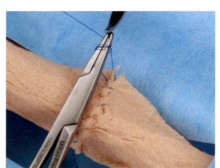

単純連続吻合

※本法の一連の手技を動画でご覧いただけます。

https://e-lephant.tv/ad/2003503

Column10　リークテスト

　消化管の縫合不全を未然に防ぐために行われる術中の検査。吻合終了後、シリンジと25G針を用いて、吻合部の内腔に生理食塩液を注入し、漏出がないことを確認する。漏出した場合は、単純結節縫合を追加して吻合部を補強する。

第4章

実　践

皮膚縫合・皮下縫合・皮内縫合
腹壁の閉鎖
血管結紮
胃・腸管の縫合
膀胱の縫合
子宮の縫合

皮膚縫合・皮下縫合・皮内縫合

皮膚・皮下・皮内縫合の実際

　皮膚縫合は表皮・真皮・皮下組織を接着させ、その癒合を図ることを目的に行われる。創にかかる緊張の緩和や組織の層のずれを修正するために、あらかじめ皮下縫合や皮内縫合をあわせて行うことがある。皮下縫合は皮下組織を、皮内縫合は真皮および皮下組織を密着させるために実施する（図4-1）。

　皮膚縫合・皮下縫合・皮内縫合について押さえておきたいポイントは以下のとおりである。

皮膚縫合
- 単純結節縫合、単純連続縫合、かがり縫合、水平マットレス縫合、垂直マットレス縫合など、それぞれの特徴を理解し最適な方法を選択する。
- 縫合すべき組織どうしの層を合わせる。
- 創面を密着させる。
- 結節は切開線上に位置させず、端に寄せる。
- 張力の強い場所の皮膚縫合には減張縫合を加える。

皮下・皮内縫合
- 皮膚への血液供給は、皮下の皮動脈の皮枝からであり、これが創傷治癒に大きく関与することを理解し、組織を愛護的に扱う。
- 縫合の結節は深部に位置するようにする。

選択する針の形状と大きさ

皮膚縫合

　皮膚縫合では、一般的に角針が選択される。角針には三角針（レギュラーカッティング針）と逆三角針（リバースカッティング針）があるが、皮膚縫合後の離開を防ぐため逆三角針が選択される。

皮下縫合・皮内縫合

　丸針を選択する。丸針は組織を刺し広げて刺入できるためである。

選択する糸とその理由

皮膚縫合

　創傷治癒過程の細胞増殖期（肉芽形成期）終盤〜成熟期（組織リモデリング期）序盤にあたる術後10日前後まで、十分な抗張力を維持できる素材を選択すべきであるため、一般的に、ナイロンなどの非吸収糸を選択することが多い。また、毛細管現象により外部の細菌などが深部組織（皮下組織など）へ移行することを避けるため、モノフィラメントの縫合糸を用いるべきである。

皮下・皮内縫合

　針付き・中期吸収性モノフィラメント縫合糸（ポリグリカプロン25や、ポリグリコマーなど）が適している。筆者は体重5〜10 kg程度の小型犬以上には4-0、皮膚が薄い超小型犬や猫には5-0を使用している。

選択肢となる縫合方法

皮膚縫合

　皮膚縫合では単純結節縫合と連続縫合が適用される。縫合が必要な切開創の範囲により縫合法を選択する。

　筆者は乳腺腫瘍の片側（両側）全摘出術などの広範囲にわたる縫合が必要な場合であっても単純結節縫合を選択している。理由は、連続縫合と比べ縫合に時間を要するものの、創面の整合性が高いからである。

皮下・皮内縫合

　皮下縫合では、単純結節縫合、単純連続縫合、水平マットレス縫合、垂直マットレス縫合、水平連続縫合、垂直連続縫合が選択肢となる。筆者は、単純結節縫合を選択することが多い。

　皮内縫合では単純結節縫合、単純連続縫合、水平マットレス縫合が選択肢として挙げられる。筆者は、皮膚が菲薄化している場合を除いたほぼ全症例で単純結節縫合を選択している。

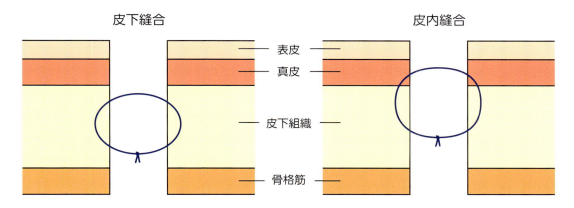

図4-1 皮下縫合と皮内縫合の模式図
皮下縫合は皮下組織内で運針し結紮する。皮内縫合は皮下組織−真皮−皮下組織の順に運針する。結節はどちらの縫合方法でも皮下組織内に位置させる。

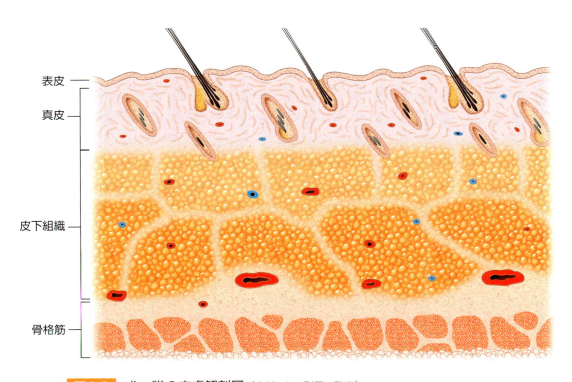

図4-2 犬・猫の皮膚解剖図（文献1より引用、改変）
皮膚は、表層から深層へ、表皮、真皮、皮下組織、骨格筋の順に層になっている。

皮膚欠損のない創の閉鎖と、皮膚欠損のある広範囲の創の閉鎖の違い

　皮膚欠損のない切開創の閉鎖（例えば開腹や深部組織へのアプローチ後）を行う場合、皮内縫合で創縁も密着させることができる。一方、広範囲に及ぶ皮膚欠損をともなう場合は、皮下縫合もしくは皮内縫合による減張を行った後に皮膚縫合を行う必要がある。

縫合時の注意点

　皮膚縫合の上達のためには、犬と猫における皮膚の解剖学的構造について正しく理解することが重要である。以下に、犬と猫の皮膚の解剖について解説する（図4-2）。

　皮膚縫合において最も重要なのは、皮膚への血液供給が皮動脈および皮下組織に存在する血管叢に大きく

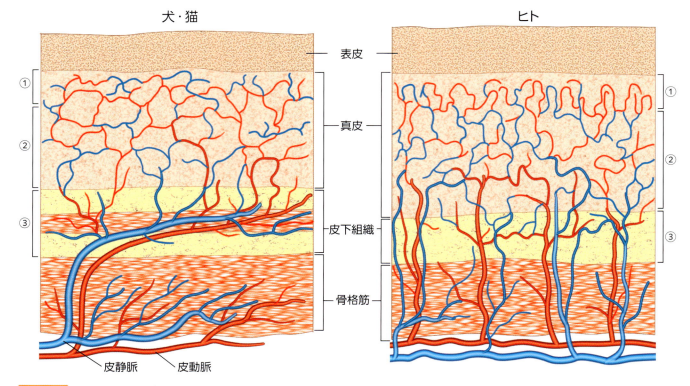

図4-3 犬・猫およびヒトの皮下組織における血管走行（文献1より引用、改変）
ヒトの皮膚では骨格筋を貫通する皮動脈が豊富なのに対して、犬・猫では、貫通血管が少ない。
①：浅層血管叢、②：中間層血管叢、③：深層血管叢

依存していることである。図4-3は、犬・猫およびヒトの皮下組織における血管の走行を示した模式図である。ヒトでは骨格筋を貫通する皮動脈が発達しており、数が多い。これに対して、犬・猫では骨格筋を貫通する皮動脈が未発達であり数が少なく、深層血管叢に達する数少ない皮動脈から分岐した血管が、各血管叢を形成し、血液を供給する。この構造から、過度な剥離や皮動脈・静脈の損傷により肉芽形成・上皮化に影響が生じる可能性がある。むやみに皮下組織の剥離をせず、できるだけ温存し層を合わせて縫合していくことが重要である。皮下組織を剥離する際は深層血管叢よりも深い位置、すなわち、皮下組織と骨格筋の間から剥離するべきである。

　また、犬と猫でも皮膚構造が異なる。猫の真皮は最も厚い部位でも2.0 mm以下であるのに対して、犬は5.0 mmほどである。種差、個体差はあるものの、一般的に猫の皮膚は犬と比較して薄い。

【参考文献】
1. Fahie, M. A.(2012): Primary wound closure. In: Veterinary Surgery Small Animal (Tobias, K. M., Johnston, S. A. eds.), 1st ed., pp.1197-1209, Elsevier.

症例1　皮膚腫瘍切除後の閉創

プロフィール：雑種犬、11歳1カ月齢、去勢雄、24 kg。

数カ月前より体幹部に腫瘤が認められ、来院。掻痒感が強く自傷も認められたため、外科的切除を実施した。腫瘤の大きさは3.0×3.0 cm程度であった（図4-4-①）。細胞診により良性腫瘍と判断されたため皮下組織を残して表皮・真皮・腫瘤を切除した（図4-4-②）。

はじめにMaxon 4-0を使用して皮下縫合を行った。皮下組織を等間隔で合わせるために、単純結節縫合（二等分法）を行うこととし、創縁の中央を縫合した（図4-4-③）。続いて創縁の端から皮内縫合（単純結節縫合）を行った。術者から見て手前の皮下組織に針を刺入し、真皮から刺出した（図4-4-④）。持針器で針を持ち直し、対側の真皮から皮下組織に向かって針を刺入した（図4-4-⑤）。皮下組織から針を刺出し、真皮どうし・皮下組織どうしの層を合わせて単純結節縫合を行った（図4-4-⑥）。このとき、結節は皮下組織内に位置する。皮内縫合によって創縁が密着していることを確認した（図4-4-⑦）。合わせた創縁に段差が生じた場合は縫合をやり直す。図4-4-⑧は、皮内縫合が完了したところである。

動物の性格により抜糸が困難だと判断する場合は皮内縫合までで手術を終了することもあるが、手術直後に縫合が破綻すると術部が離開するため、基本的には皮膚縫合も行う。Monosof 4-0を用いて皮膚縫合（単純結節縫合）を行い、手術を終了した（図4-4-⑨）。皮内縫合により、創縁が密着している場合、皮膚縫合は単純結節縫合だけでなく単純連続縫合、かがり縫合なども選択できる。

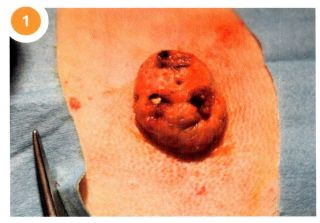

体幹部の腫瘤。

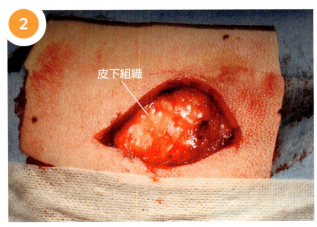

皮下組織を残して上皮・真皮・腫瘤を切除した。

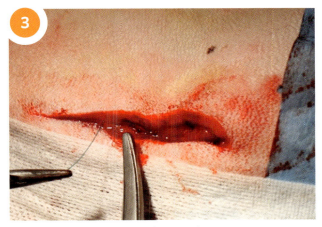

皮下縫合として単純結節縫合（二等分法）を行った。

図4-4　皮膚腫瘍切除後の閉創　　　　　　　　　（次ページへつづく）

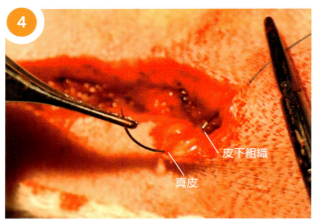

皮内縫合を行った。まず、皮下組織に針を刺入し真皮から刺出した。

対側の真皮から皮下組織に向かって針を刺入した。

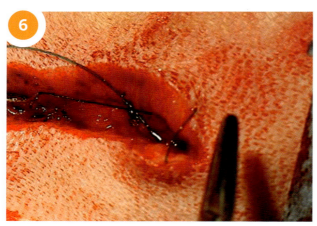

真皮どうし・皮下組織どうしの層を合わせるように単純結節縫合を行った。

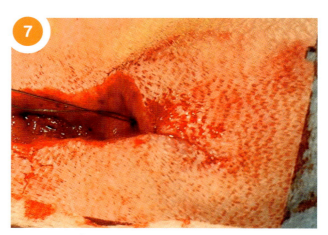

縫合した皮膚が段差なく密着していることを確認した。

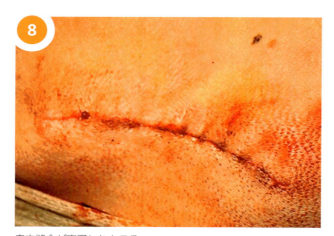

皮内縫合が完了したところ。

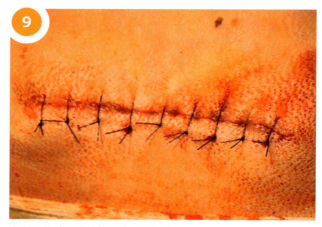

皮膚縫合（単純結節縫合）を行った。

図4-4 皮膚腫瘤切除後の閉創（つづき）

Column11　二等分法とは

創の中間点を単純結節縫合し、創の長さを二等分して縫合していく方法である。はじめに、創の中間点を縫合し（図A、B）、次にその縫合の結節と創縁の端の中間点を縫合する（図C）。これを繰り返すことで広範囲の縫合でもピッチサイズを均等にとることができる（図D）。皮膚・皮下組織・皮内・腸管の縫合に適用される。

A

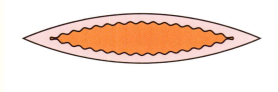

B

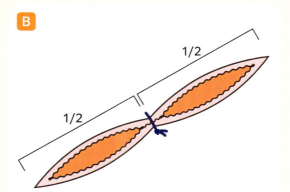

C

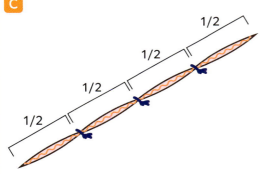

D

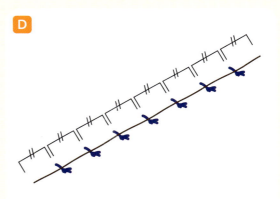

症例2　鼠径ヘルニア輪閉鎖後の閉創

プロフィール：ポメラニアン、8カ月齢、雄。

鼠径ヘルニアのヘルニア輪の閉鎖を行った。症例は肥満傾向にある個体であり、鼠径部の皮下脂肪が厚く、ヘルニア輪の処置のために皮下脂肪を十分に剥離する必要があった。

ヘルニア輪縫縮後（図4-5-①）、まず皮下水平縫合を行った。Maxon 4-0を使用して、縫合針で手前の皮下組織に針を刺入し、同じ創面から刺出した（図4-5-②）。奥の皮下組織にも同様に運針した（図4-5-③）。水平に針を通した後に、腹壁の筋膜にも針をかけてから（図4-5-④）単純結節縫合を実施した。このように、死腔を閉鎖するために皮下縫合の際に腹壁の筋膜などの下層組織を一緒に縫合する方法がある。続いてMaxon 4-0を用いて皮内縫合（単純結節縫合）を行った（図4-5-⑤）。皮下縫合が完了した段階で皮膚縫合に移ることも可能だが、皮内縫合を加えることで創縁をより密着させることができる。皮内縫合では創縁に対して平行に縫合糸を引っ張り、できるだけ創の深いところで結紮した（図4-5-⑥）。皮内縫合の完了後、Monosof 4-0を用いて単純結節縫合にて皮膚縫合を行い、閉創を完了した。皮内縫合により創縁が密着しているため、皮膚縫合の結紮は虚血を防ぐため緩めにしている（図4-5-⑦）。

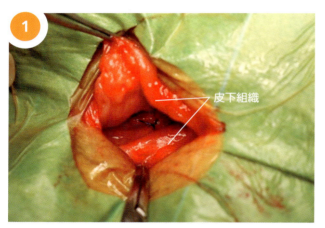

ヘルニア輪の縫縮が完了したところ。厚い皮下組織を確認できる。

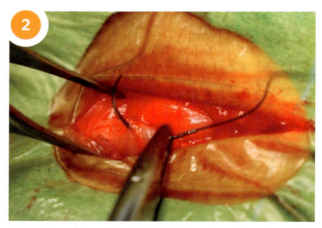

皮下水平マットレス縫合を行う。術者から見て手前の皮下組織から縫合を開始する。

奥の皮下組織も同様に運針する。

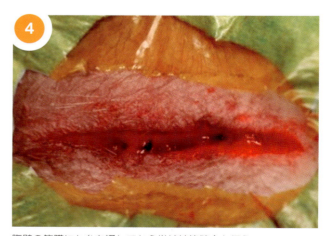

腹壁の筋膜にも糸を通してから単純結節縫合を行う。

図4-5　鼠径ヘルニア輪閉鎖後の閉創

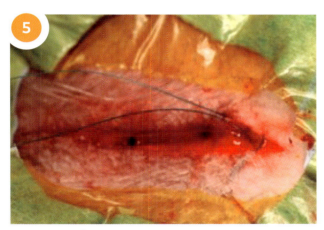

皮内縫合はまず手前の皮下組織に針を刺入し、真皮から刺出する。続いて奥の真皮から針を刺入し、皮下組織から刺出する。

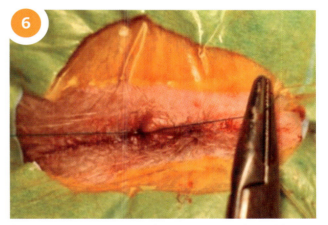

皮内縫合の結紮は創のできるだけ深いところで、創縁に対して平行に縫合糸を引っ張りながら行う。

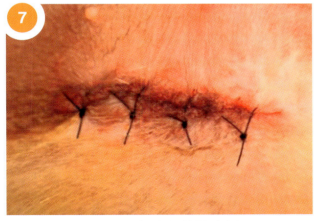

皮内縫合完了後、支膚縫合（単純結節縫合）を行う。

Column12 スキンステープラー

スキンステープラーの使用

スキンステープラーはステープルと呼ばれる針を用いて皮膚縫合を行う、皮膚縫合器である。縫合糸による縫合と比較した利点・欠点は以下のとおりである。

利点
- 縫合部の皮膚表面を圧迫しない。
- 真皮深層からの分岐血管を圧迫・遮断しない。
- 局所の微小血液循環が一定に保たれる。
- 手術時間の短縮が期待できる。

欠点
- 皮膚直下に骨、神経、血管、臓器がある場合や、極端に皮膚が菲薄化している場合は使用は難しい。
- X線検査時のアーチファクトとなる。

また筆者の経験では、ステープラーで皮膚縫合をした症例の飼い主はその術創を見て驚くことが多い。痛々しい印象を与えてしまうことがあるため、あらかじめインフォームをするなど配慮すべきである。

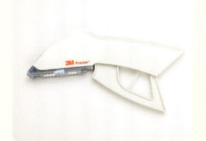
スキンステープラー

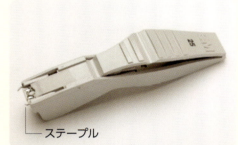
小型スキンステープラー

ステープルリムーバー

ステープラーによる皮膚縫合方法

1　鑷子を用いて創縁を把持し外反させる。

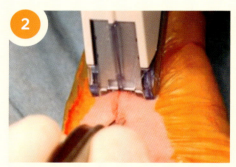
2　ステープラーの先端中心部を創縁に合わせる。

3　ステープラーの中心と創縁が合っていることを確認しながらハンドルを握り込む。

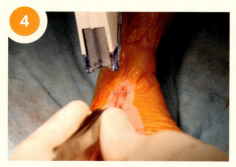
4　カチッと音が鳴るのを確認してからステープラーを離す。

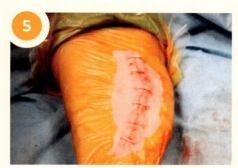

ステープラーによる縫合が完了したところ。

リムーバーによるステープル抜去の方法

リムーバーの下部分をステープルの下にしっかりと挿入する。

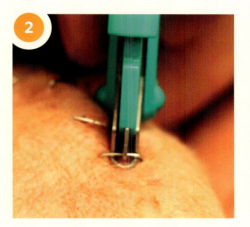

ハンドルを握り、ステープルを変形させる。

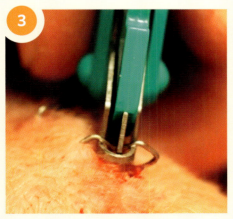

ステープルの中央がへこみ、両端が上がってくる。

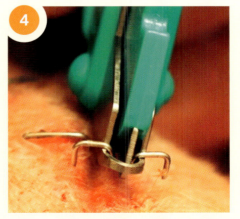

変形したステープルをまっすぐに引き上げ、抜去する。

腹壁の閉鎖

腹壁の閉鎖の実際

この部位の縫合で押さえておきたいポイントは以下のとおりである。

- 腹壁の支持組織である腹直筋鞘の筋膜と筋肉に確実に針を貫通させる。
- 支持糸などを活用し、腹壁下の臓器に誤って針を刺さないよう注意する。
- 切開した腹壁の頭側端から尾側端まで、確実に縫合する。

選択する針の形状と大きさ

丸針を選択する。先が鋭利になっている丸針は組織を切断することなく刺し広げて刺入できるため組織侵襲を最小限に抑えることができる。

選択する糸

縫合された腹壁が張力を回復するまでの時間や、強い腹圧がかかることを考慮し、針付き・長期吸収性モノフィラメント縫合糸（ポリジオキサノンもしくはポリグリコネート）を選択すべきである。筆者は通常2-0か3-0の合成吸収糸を選択している。非吸収糸は、結節部位に漿液腫の発生が多くなるため、一般的には選択されない。しかし、体壁に生じたヘルニア閉鎖時には、張力の持続性を考慮し非吸収糸の使用を検討する場合もある。

選択肢となる縫合方法

単純結節縫合、単純連続縫合のいずれかが選択される。単純結節縫合と単純連続縫合では、閉腹時の強度および合併症発生率には差がなかったとの報告があるが[1]、連続縫合を選択する場合、縫合時の緩みや糸の断裂によって縫合部が離開してしまう危険性を考慮する必要がある。

縫合時の注意点

腹壁を閉鎖する際に再確認しておきたいのは、腹部正中の筋肉および白線の走行についてである。

腹部の筋肉は外腹斜筋、内腹斜筋、腹直筋、腹横筋が存在する。腹直筋は白線を挟んで、胸骨および第1肋骨にはじまり、恥骨前縁におわる。内腹斜筋、外腹斜筋および腹横筋は側腹壁にあり、両腹斜筋の腱膜は腹直筋の浅層を横断し、腹横筋の腱膜は腹直筋の深層を横断する。これらの腱膜で構成される鞘を腹直筋鞘と呼ぶ。

開腹時に切開する白線は、剣状突起から骨盤結合まで続いており、腹横筋と、内腹斜筋、外腹斜筋の主要な終止部となっている。左右の腹直筋の内縁は白線の外縁と接合していることに注目したい。白線は、剣状突起のすぐ後方では幅約1 cm、厚さ1 mm以下である。臍の後方では、徐々にその幅が細くなり、厚みを増す特徴がある。

図4-6は腹部正中切開の閉鎖の模式図で、上腹部および下腹部の横断面を示している。腹直筋鞘に着目すると、上腹部では存在する腹直筋鞘の内側腱膜が、下腹部では存在しない。このことから、上腹部に比べ下腹部では縫合時の抗張力が若干弱い。腹壁の縫合時にはこれを理解し、腹直筋鞘の外側腱膜と一部腹直筋に針を貫通させて組織の裂開を起こさないようにすることが重要である。

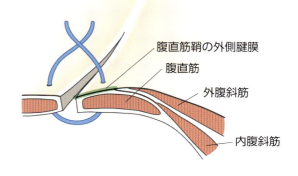

図4-6 腹部正中切開後の腹膜・筋層の縫合（文献2より引用、改変）
上腹部では存在する腹直筋鞘の内側腱膜が、下腹部では存在しない。

症例　肝葉部分切除時の腹壁の閉鎖

プロフィール：ビーグル、14歳6カ月齢、去勢雄、体重14.3 kg。

血液化学検査にて肝酵素の上昇、超音波検査にて肝臓外側左葉に腫瘤を認めたため、外科的切除を行った。腹部正中切開にてアプローチし、外側左葉を部分切除した（図4-7-①）。肝内動脈・静脈の結紮はMaxon 2-0を用いて器械外科結びを行った（図4-7-②、③）。腹壁の閉鎖は、Maxon 2-0を用いて単純連続縫合を行った。はじめに創縁末端の外側に、支持糸を設置する。鑷子で筋層を把持することにより縫合しやすくなる（図4-7-④）。連続縫合の始点となる縫合糸は針のついてない短いほうをモスキート鉗子で把持し支持糸とした（図4-7-⑤）。腹直筋鞘の外側腱膜と腹直筋を確実に貫通して縫合した（図4-7-⑥）。糸に緩みがないよう牽引しながら連続縫合を進めた。このとき、助手が糸を把持し張力をかけながら進めると、緩みが少なくなるだけでなく、術野で糸が邪魔になるのを防ぐことができる（図4-7-⑦）。本症例は開腹範囲が広かったため、1本の縫合糸で創の全長を連続縫合するのではなく、半分くらいまで縫合を進めた時点で一度結紮した（図4-7-⑧）。これによって、縫合の緩みを軽減でき、縫合糸が途中で切れてしまっても全範囲が離開してしまうことを予防できる。途中で結紮した縫合糸の一端を新たな支持糸とし連続縫合を進めた（図4-7-⑨）。連続縫合を終える際は結紮する1つ前の糸を締めずに輪を残して結紮し（図4-7-⑩）、単純連続縫合による腹壁の閉鎖を完了した（図4-7-⑪）。

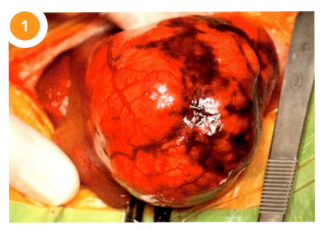
肝臓外側左葉に認められた腫瘤。

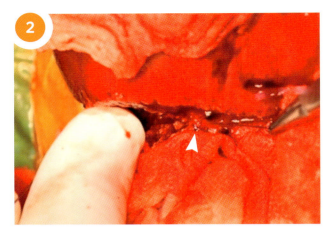
肝内動脈・静脈はそれぞれ器械外科結びにて結紮した（▷）。

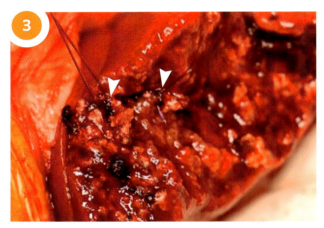
腫瘤切除後。肝内動脈・静脈の結紮部（▷）。

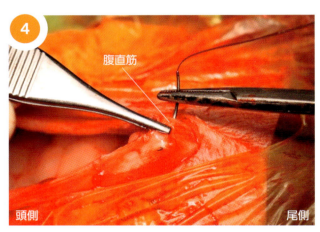
腹壁の閉鎖は単純連続縫合を行った。

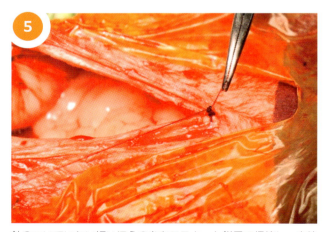
針のついていない短いほうの糸をモスキート鉗子で把持し、支持糸とした。

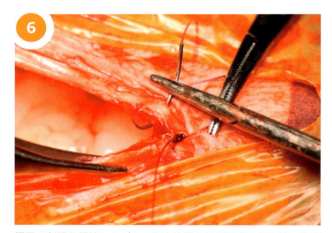
鑷子で創縁を把持しながら、腹直筋鞘の外側腱膜と腹直筋に確実に針を通す。

図4-7 肝葉部分切除時の腹壁の閉鎖

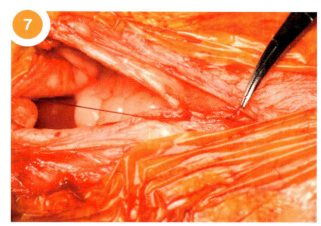

緩みが生じないように糸を締める。

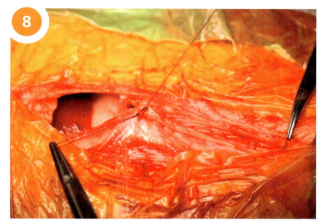

創の半分くらいまで縫合を進めた時点で、一度結紮した。このとき糸は切らずに残しておく。

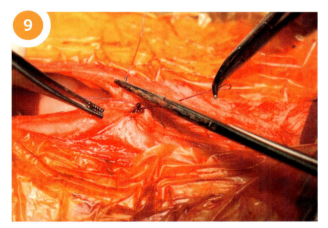

結節部の短い糸を新たな支持糸として用いて連続縫合を再開する。

創の全長を縫合しおえたら、結紮する1つ前の糸は締めずに緩く輪を残す。

残した輪の中心を持針器で把持して結紮し、腹壁の閉鎖を完了した。

【参考文献】

1. Rosin, E. (1985): Single layer, simple continuous suture pattern for closure of abdominal incisions. *J. Am. Anim. Hosp. Assoc.*, 21(6):751-756.
2. Bellenger, C. R. (2002): Abdominal Wall. In: Textbook of small animal surgery, (Slatter, D. ed.), 3rd ed., pp.405-413. W. B. Saunders.

血管結紮

血管結紮の実際

　血管結紮は外科手術のあらゆる場面で必要とされる手技である。本書では、犬の去勢手術と避妊手術時の血管結紮について解説する。

　犬の去勢手術、避妊手術の血管結紮について、押さえておきたいポイントは以下のとおりである。

去勢手術
- 精巣動脈・静脈、精管を確実に結紮する。
- 閉鎖法（総鞘膜を残したまま行う方法）では総鞘膜を貫通結紮[※1]する。
- 開放法（総鞘膜を切り精巣、精管、精巣動脈・静脈を露出して行う方法）では血管と精管をそれぞれ結紮する。

避妊手術
- 卵巣子宮摘出術では卵巣動脈・静脈、子宮動脈・静脈を確実に結紮する。

卵巣動脈・静脈の結紮
- 本結びによる二重結紮が基本である。
- 小型犬や猫の場合、全周に糸を回し結紮するが、中〜大型犬や妊娠子宮、子宮蓄膿症などで血管が怒張している場合、重度肥満により血管が脂肪で覆われている場合などには貫通結紮を行う。

子宮動脈・静脈の結紮
- 本結びによる二重結紮が基本である。
- 子宮が拡張している場合や血管の怒張が重度の場合、1カ所の結紮ではなく、左右2カ所ずつ結紮する。結紮糸の脱落を防ぐために子宮頸部の子宮壁に針をかけ貫通結紮を行う。

※1　貫通結紮とは、結紮糸が断端から滑り落ちるのを防ぐために、結紮する対象の一部に縫合糸を通して本結びを行った後、同じ糸を全周に回し、再び結紮する方法である。卵巣子宮摘出術の子宮体部の処理、精巣摘出術の総鞘膜内構造物の結紮に用いる。

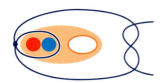

選択する糸、選択肢となる結紮方法

　対象となる動物の体格や病態により血管の太さは異なるが、筆者は多くの場合、2-0もしくは3-0のモノフィラメント合成吸収糸（Maxon、Biosin）を選択している。

　結紮方法は本結びを選択する。血管の太さによっては外科結びを適用することもある。器械結びと手結びのどちらかを選択するかは術者の好みによるが、一般的に手結びのほうが縫合糸の使用量が多いため、器械結びを選択することが多い。細い血管を太い糸で結紮する場合に結び目に隙間が生じ、緩みが生じてしまうことがあるため、適切なサイズを選択したうえで緩みにくい方法で行う。

各手術での血管結紮法

去勢手術（閉鎖法）

1. 総鞘膜に覆われた状態で精巣および精巣動脈・静脈、精管を露出する。
2. 縫合針体部の弯曲部分を精管と精巣動脈・静脈の間に押し当てて、被膜内で両者を分ける。
3. 分離された精管と血管の間に針を刺入する。
4. 血管側から本結びを行い、糸は切らずに続けて精管側に縫合糸を回して本結びを行う。
5. 手順4の貫通結紮を行った近位で、総鞘膜ごと全周に縫合糸をかけ、本結びを行う。

去勢手術（開放法）

1. 総鞘膜を切開して、精巣および精巣動脈・静脈、精管を露出する。
2. 露出した精管は単独で、精巣動脈・静脈はまとめて、それぞれ本結びによる二重結紮をする。

卵巣子宮摘出術

1. 卵巣を牽引し、卵巣動脈・静脈（卵巣提索も含む）に鉗子をかける。
2. 鉗圧した近位で動脈・静脈ともに糸をかけ、本結びによる二重結紮を行う。血管周囲に脂肪組織が厚く存在する場合は、指の腹で脂肪組織を

挫滅するとよい。続けて固有卵巣索を結紮もしくは鉗圧しておく。
3. 左右卵巣の摘出後、子宮広間膜を切開し子宮体を露出する。
4. 子宮頸部両側の子宮動脈・静脈を本結びにより二重結紮する。
5. 子宮断端部は粘膜面が露出しないよう内反縫合を行う。

症例1　去勢手術（閉鎖法）における血管結紮

プロフィール：トイ・プードル、9カ月齢、雄、体重3.2 kg。

閉鎖法により、右側睾丸の摘出術を行った。はじめに、精巣を用手で優しく把持し、総鞘膜ごと精管と精巣動脈・静脈を露出した（図4-8-①）。針の背の弯曲部分を精管と精巣動脈・静脈の間に押し当てて精管と血管を分離し、精管と血管の間に針を刺入した（図4-8-②～④）。血管側から本結びを行い、次に精管側に縫合糸を回し貫通結紮を行った（図4-8-⑤、⑥）。結紮部の近位で総鞘膜ごと全周に縫合糸をかけ本結びを行った（図4-8-⑦、⑧）。

通常、動脈の二重結紮を行う際は、まず近位から先に結紮し、次いで遠位を結紮する。本症例では、細い血管に対する結紮糸の脱落防止を最優先するため、遠位に貫通結紮を施したうえで近位に本結びを行うこととした。

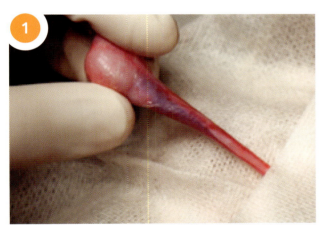

総鞘膜に包まれたまま、精管と精巣動脈・静脈を露出する。

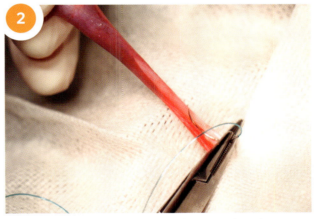

針の背の弯曲部分を精管と精巣動脈・静脈の間に押し当てる。

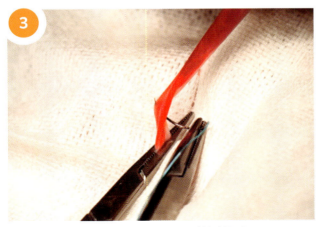

精管と血管を分離し、精管と血管の間に針を刺入する。

精管と血管の間から針を刺出する。

図4-8　去勢手術（閉鎖法）における血管結紮

（次ページへつづく）

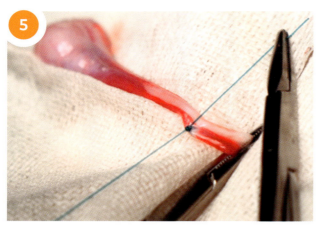

先に血管から本結びを行う。糸は切らずにそのまま残す。

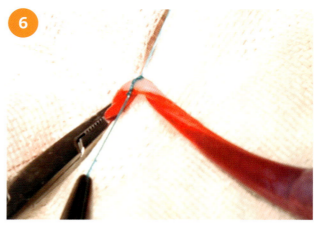

精管側に縫合糸を回し、本結びを行う（貫通結紮）。

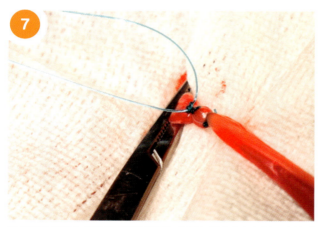

⑥の結紮部位より近位で総鞘膜ごと全周に縫合糸をかけ、本結びを行う（二重結紮）。

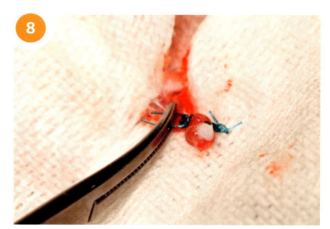

組織を把持していた鉗子を外し、結紮糸の断端を把持し、血管および精管を切断する。出血がないことを確認して結紮を完了する。

図4-8 去勢手術（閉鎖法）における血管結紮（つづき）

症例2　去勢手術（開放法）における血管結紮

プロフィール：トイ・プードル、9カ月齢、雄、体重3.2 kg。

開放法により、左側睾丸の摘出術を行った。はじめに、精管および精巣動脈・静脈を総鞘膜から露出した（図4-9-①、②）。露出した精管は単独で、精巣動脈・静脈はまとめて、それぞれ本結びによる二重結紮を行った（図4-9-③）。結紮部の遠位を切断し、血管からの出血がないことを確認して結紮を完了した（図4-9-④）。

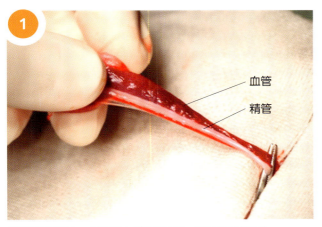

総鞘膜を剥離し、精管および精巣動脈・静脈を露出する。

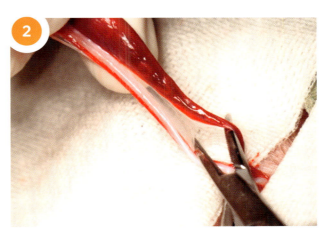

精管と血管を分ける。

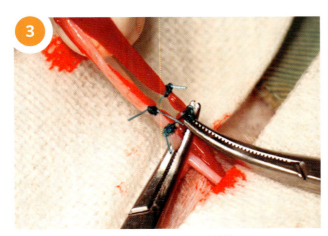

精管と血管をそれぞれ本結びによって二重結紮する。

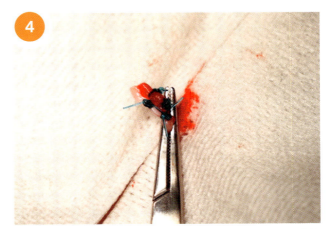

結紮部の遠位を切断したところ。この後精管のみを把持し、血管からの出血がないことを確認して結紮を完了する。

図4-9　去勢手術（開放法）における血管結紮

症例3　卵巣子宮摘出術における血管結紮

プロフィール：トイ・プードル、8カ月齢、雌、体重2.8 kg。

卵巣子宮摘出術を行った。はじめに卵巣を牽引し、近位に鉗子をかけ卵巣動脈・静脈を鉗圧した（図4-10-①）。鉗圧した部分より近位で本結びを行い、さらに近位で本結びを行い、二重結紮とした（図4-10-②、③）。結紮した糸は切らずに残し、モスキート鉗子で把持して支持糸として利用した。さらに、固有卵巣索を本結びした。ここでは結紮部を見せるために1本の鉗子で鉗圧したが、通常は、卵巣動脈・静脈を3本もしくは2本の鉗子で鉗圧し結紮する。卵巣動脈・静脈の結紮部の遠位を切断した。切断部位からの出血がないことを確認し（図4-10-④）腹腔内に戻した。

続いて子宮動脈・静脈の貫通結紮を行った（図4-10-⑤）。子宮頸の左右両側で二重結紮を行い、子宮体部を切除した（図4-10-⑥、⑦）。子宮断端は、粘膜面が露出しないよう内反縫合を行った（図4-10-⑧）。

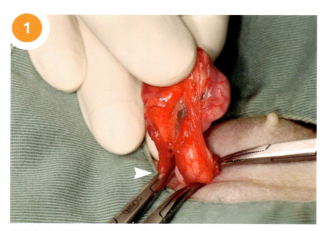

卵巣動脈・静脈を鉗圧する（▷）。

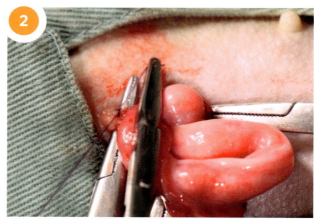

鉗圧した部分より近位で本結びを行う。

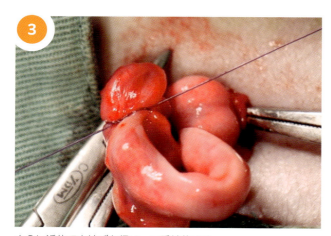

さらに近位で本結びを行い、二重結紮する。

結紮部の遠位をで血管を切断し、切断部位からの出血がないことを確認する。

図4-10　卵巣子宮摘出術における血管結紮

> **Tips**
>
> 子宮体部を切除すると粘膜面が露出することがある。猫や超小型犬では、子宮頸の径が細くこの部分の内反縫合は困難なことが多いが、筆者は粘膜が露出するすべての症例で内反縫合を行っている。この処理に太い縫合糸を使用すると子宮体部の漿膜が裂けてしまうことがあるため、糸のサイズは4-0か3-0を選択している。

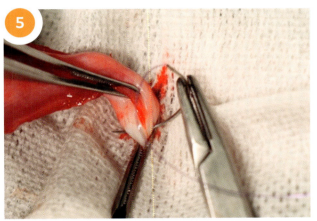

5 子宮動脈・静脈を結紮後、結紮糸の脱落を防止するために子宮壁を利用して貫通結紮を行う。

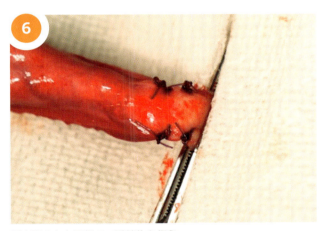

6 子宮頸の左右両側で二重結紮を行う。

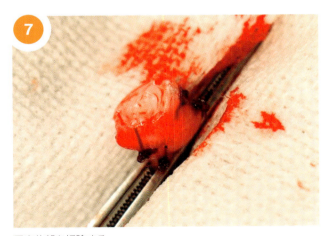

7 子宮体部を切除する。

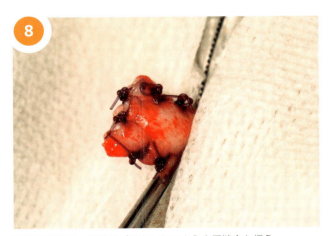

8 子宮頸断端で、粘膜面が露出しないよう内反縫合を行う。

胃・腸管の縫合

胃・腸管の縫合の実際

この部位の縫合で押さえておきたいポイントは以下のとおりである。

胃の縫合
- 胃の縫合方法は1層縫合と2層縫合の両方が行われている。
- 幽門部もしくは噴門部領域の手術の場合、内腔狭窄が生じる可能性があるため並置縫合の1層縫合を行う。
- 連続縫合を行う場合、創縁の外側に縫合の始点・終点をとる。
- 胃は、切開創の閉鎖後10～17日で治癒する。

腸管の縫合・吻合
- 単純結節縫合もしくは単純連続縫合で並置縫合を行う。
- 支持組織は粘膜下組織であるため、必ず粘膜下組織に縫合糸を貫通させる。
- 腸管では2層縫合は行わない。
- 腸管は、吻合後10～17日で治癒する。
- 吻合不全は、術後2～5日で発生することが多い。

選択する針の形状と大きさ

胃・腸管ともに、刺入部位の組織の離開を抑えるために強弯の丸針もしくはテーパーポイント針を選択する。

選択する糸とその理由

胃

縫合糸の胃液への曝露を考慮する必要がある。縫合糸は丸針のついた3-0もしくは4-0のモノフィラメント合成吸収糸が推奨されている。筆者は、ほとんどの場合で3-0のMaxonもしくはBiosynを選択している。

腸管

縫合糸の腸液への曝露を考慮する必要がある。縫合糸は丸針のついた3-0もしくは4-0のモノフィラメント合成吸収糸が推奨される。MaxonとBiosynは空腸液に曝露されることで抗張力半減期がわずかに短縮するが、これらの中期吸収性縫合糸の使用でも問題ないと考えられる。癒合に時間がかかると予想される場合には、PDS ⅡやMaxonのような長期吸収性縫合糸を用いる。筆者は、症例の腸管径、切除部位によって3-0もしくは4-0のMaxonを使い分けている。

選択肢となる縫合方法とその理由

胃

胃の縫合では、切開ないし切除の部位や範囲によって、1層縫合と2層縫合の両方が行われる。筆者は、縫合不全を確実に防ぐために、単純連続縫合の後にクッシング縫合を行う2層縫合を選択することが多い。

並置縫合（単純結節縫合、単純連続縫合）

並置縫合は粘膜（粘膜筋板）、粘膜下組織、筋層、漿膜それぞれの層を合わせて接合させる縫合法である。これらの層のうち粘膜下組織が消化管の抗張力に最も寄与しているため、単純結節縫合でも単純連続縫合でも必ず粘膜下組織に縫合糸を貫通させる。

単純連続縫合は単純結節縫合と比較して粘膜の外反癒着が少なく、層の並置に優れているという報告がある[1]。いずれの縫合方法でも、粘膜よりも漿膜のバイトサイズを大きくとることで粘膜の外反を防ぐことができる（図4-11）。筆者は単純連続縫合を選択している。

内反縫合（クッシング縫合、レンベルト縫合など）

内反縫合では、漿膜面を密着させることで漿膜面どうしが癒着し、胃内容物の漏出を防ぐことができる。しかし、内反縫合では、並置縫合で得られる粘膜の癒合は得られず、漿膜面どうしの癒着しか得られないため、内反縫合のみでの閉鎖はすべきではない。

腸管

腸管に対しては、単純結節縫合、単純連続縫合、ギャンビー縫合が選択される。筆者は切開部の縫合にも端々吻合にも単純結節縫合を選択している。

腸管では、内反縫合を行うことにより管腔の狭窄が

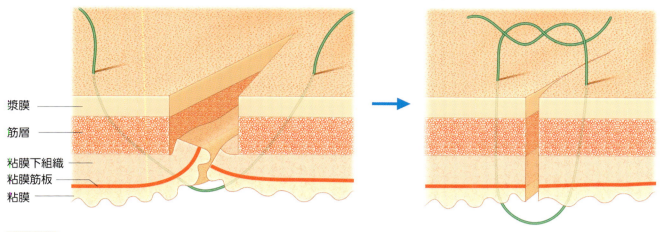

図4-11　バイトサイズのとり方（文献2より引用、改変）
漿膜面のバイトサイズは大きめにとり、粘膜面のバイトサイズは小さめにとると結紮したときに各層が並置する。また、このようにバイトサイズをとることで粘膜の外反を抑えることもできる。

生じ、術後の通過障害を引き起こす危険性があるため、2層縫合は行わない。胃と同様に、腸管の並置縫合においても組織の抗張力に最も寄与している粘膜下組織に縫合糸を必ず貫通させ、層を合わせることが重要である。

単純結節縫合と単純連続縫合では合併症の発生率に差がなく、単純連続縫合術のほうが粘膜の外反や癒着が少ない。しかし、一部でも緩みが生じると創縁が離開してしまうリスクが高まる。また、1本の縫合糸で腸管の全周を連続縫合すると、結紮時に巾着状に狭窄するおそれがある。そのため、連続縫合は最低でも2分割すべきであり、2本の針付き縫合糸を用いることが理想的である。

ガンビー縫合は内容物の漏出が起こりにくい縫合法であるが、縫合に時間がかかるため、手技の熟練が必要である。

縫合手順

胃切開（図4-12）[3]

胃切開は、左胃動脈・右胃動脈や、左右胃大網動脈を避けて血管分布の少ない胃体部の腹側で行う。想定する胃の切開線の延長線上にそれぞれ支持糸を設置すると切開が行いやすい。内腔の探査や異物の摘出が終了したら、創を1層縫合もしくは2層縫合にて閉創する。

腸管

腸内容物による汚染を防ぐため、腸管は腹腔内から外に出して操作する。腸間膜の脂肪により腸間膜側での腸内容物の漏出が最も多いので注意する。

腸管吻合（図4-13）では、はじめに腸管膜側と対腸間膜側の2カ所に支持糸をかける。単純連続縫合の場合、腸間膜側から対腸管膜側へ縫合を進める。腸管を反転させ、裏側は対腸管膜側から腸管膜側へ縫合を進める。単純結節縫合の場合は2〜3 mmのバイトサイズをとり、ピッチサイズは3 mm程度とる。

全周の縫合が完了したら、閉腹に移る前に必ず吻合部を挟んで両側を腸鉗子もしくは指で閉塞させ、適量の滅菌生理食塩液を用いてリークテストを行う。

縫合時の注意点

胃と腸管に共通する解剖学的特徴は、内腔から順に、粘膜、筋板、粘膜下組織、筋層、漿膜からなる層で構成されていることである。胃と腸管の縫合で最も重要なのは、支持組織である粘膜下組織を必ず貫通させることである。これは、支持糸をかける際も同様で、漿膜や筋層のみに糸が通っている場合には、組織が裂ける危険性がある。図4-14は、胃・腸管での単純結節縫合の模式図である。全層に糸が貫通するように、漿膜→粘膜→対側の粘膜→漿膜と目視で針の刺出・刺入部位を確認しながら縫合を進める。図4-15は、ガンビー縫合の模式図である。漿膜→粘膜→粘膜→粘膜下組織→対側の粘膜下組織→粘膜→粘膜→漿膜と、こちらも目視で針の刺出・刺入部位を確認しながら運針する。いずれも粘膜下組織を通るように全層を貫通させ、それぞれの層が並置されることが重要となる。

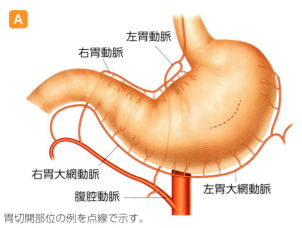
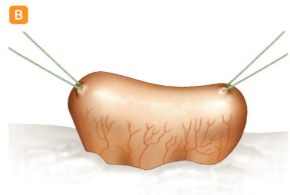

A 胃切開部位の例を点線で示す。
左胃動脈／右胃動脈／右胃大網動脈／腹腔動脈／左胃大網動脈

B 想定する切開線の前後に、支持糸を設置する

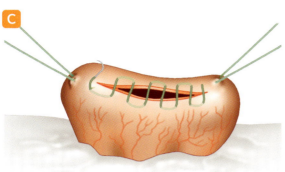

C 1層目の縫合（例：単純結節縫合、クッシング縫合など）

D 2層目の縫合（例：クッシング縫合、レンベルト縫合など）

図4-12 胃切開と縫合 （文献3より引用、改変）
胃の切開創をより正確に閉鎖するためには、胃切開を行うときから胃の構造や血管分布を考慮する必要がある。

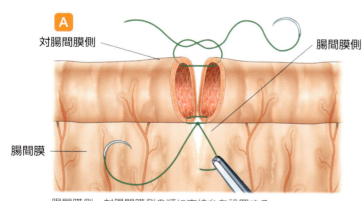
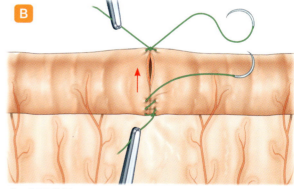

A 対腸間膜側／腸間膜側／腸間膜
腸間膜側、対腸間膜側の順に支持糸を設置する。

B 先に腸間膜側に設置した支持糸を用いて、腸間膜側から対腸間膜側へ（矢印の方向へ）縫合を進める。

図4-13 腸管の吻合 （文献2より引用、改変）
腸管の吻合では支持糸の設置場所、順序がとくに重要となる。

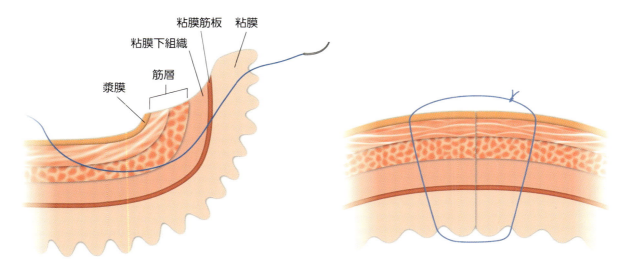

図4-14　単純結節縫合（文献4より引用、改変）

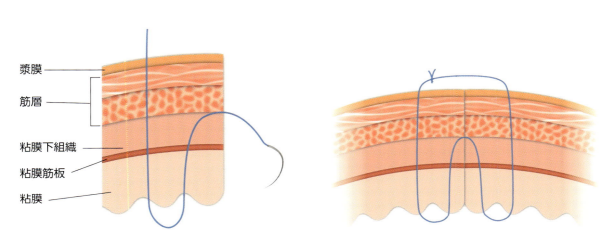

図4-15　ギャンビー縫合（文献4より引用、改変）

【参考文献】

1. Mullen, K. M., Regier, P. J., Ellison, G. W. et al. (2020): A Review of Normal Intestinal Healing, Intestinal Anastomosis, and the Pathophophysiology and Treatment of Intestinal Dehiscence in foreign Body Obstructions in Dogs. *Top. Companion Anim. Med.*, 41:100457.
2. 浅野和之, 泉澤康晴, 兼島 孝, ほか (2013): 縫合法の基礎. In: 動画でわかる縫合法ガイドブック (多川政弘 総監修), pp.26-27, インターズー.
3. 中川貴之 (2021): 胃切開術. In: 見てわかる小動物の外科手技 II 消化管 (多川政弘, ほか 監修), pp.30-34, EDUWARD Press.
4. 浅野和之(2020): 動画でわかる！縫合法. 01 胃の縫合法. *Tech. Mag. Vet. Surg.*, 24(1):2-3.

症例1　腸切開後の腸管の縫合

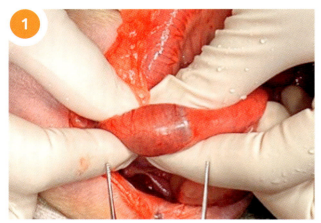

十二指腸内に異物を確認した。

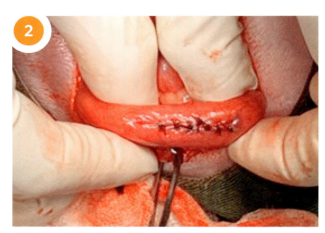

腸切開後、異物を除去し単純結節縫合にて閉創した。

図4-16　腸管縫合

プロフィール：チワワ、7歳8カ月齢、避妊雌、体重2.0 kg。

急性の嘔吐を主訴に来院。超音波検査にて十二指腸内に異物を認めた。開腹後、十二指腸遠位部に異物を確認した（図4-16-①）。肉眼での腸管虚血所見は認められなかったため、異物直上の対腸管膜側を切開して異物の除去を行った。Maxon 4-0を用いて、単純結節縫合にて腸管縫合を実施した（図4-16-②）。

症例2　腸管腫瘤切除後の腸管吻合

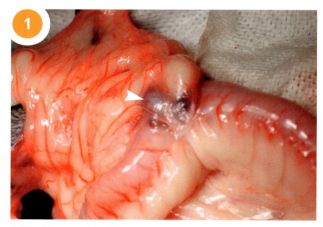

空腸に腫瘤を認めた（▷）。

腫瘤切除後、単純結節縫合により吻合した。

図4-17　腸管吻合

プロフィール：トイ・プードル、13歳8カ月齢、避妊雌、体重4.2 kg。

慢性の消化器症状を呈していたが、画像検査では診断に至らず、試験的開腹を行った。開腹後、空腸に直径約2 cmの腫瘤を認めた（図4-17-①）ため、マージンを含めて腸管を部分切除した。Maxon 4-0を用いて、単純結節縫合にて端々吻合した（図4-17-②）。

Column13　第一結紮が緩んでしまうときの縫合のコツ

　単純結節縫合を行うとき、第一結紮に緩みが生じてしまうことがある。結節を片側に寄せることで簡単に問題が解決する場合もあるが、第一結紮に緩みが生じたまま第二結紮を行うと、緩んだ状態で結紮が固定されてしまう。そこで、第一結紮が緩んでしまうときどのように第二結紮をするべきか解説する。

手順

第一結紮に緩みが生じてしまう場合、左手の母指と示指で針のついたほうの糸を持ち、第一結紮部を中指で軽く押さえることで緩みを防止することができる。

第一結紮部を中指で押さえたままの状態で維持し、母指と示指で把持した糸を持針器で巻き取る。

Tips

通常の単純結節縫合の場合、持針器に縫合糸を巻きつけるようにするが、この場合は縫合糸を動かさずに持針器を動かして縫合糸を巻き取るようにする。

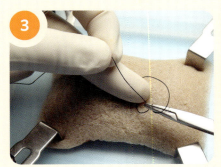

持針器で縫合糸を巻き取った後、第一結紮部を中指で押さえたまま持針器で糸の先端を把持する。

第二結紮が完了するまで中指は第一結紮部を押さえた状態で維持する。

第二結紮が緩むことなく完了したら、第三結紮は通常どおり結紮を進めることができる。

膀胱の縫合

膀胱縫合の実際

この部位の縫合で押さえておきたいポイントは以下のとおりである。

- 腹腔内への尿の漏出を防ぐため、膀胱は腹腔外に出して操作する。
- 縫合糸は尿への曝露を考慮して選択する。
- 膀胱は閉鎖後14〜21日で治癒する。

選択する針・糸の形状と大きさ

組織侵襲を最低限に抑えるために強弯の丸針を選択する。

膀胱の縫合では、縫合糸の尿への曝露を考慮する必要がある。ポリジオキサノンとポリグリコネートは、尿と接触しても張力を維持するため膀胱の閉鎖に適している。ポリグリコール酸とポリグラスチン910は細菌感染した尿中では急速に分解が進んでしまう可能性があるため、細菌性膀胱炎をともなう膀胱切開の閉鎖には適さないとされている[1]。合成非吸収糸は膀胱内で結石形成の要因になると報告されているため[2]、使用すべきではない。組織侵襲を最低限にとどめるために針付き縫合糸を選択すべきであり、さらに細菌の付着を最小限にするため、モノフィラメント合成吸収糸が選択される。筆者は丸針の付いた3-0もしくは4-0のMaxonを使用している。

選択肢となる縫合方法

従来は並置縫合と内反縫合を行う2層縫合が行われてきた。しかし近年、単層の並置縫合と2層縫合を比較して、短期合併症の発生率と入院期間に差がないことが報告され[3]、単層並置縫合が行われるようになっている。慢性膀胱炎では膀胱壁が重度に肥厚していることがあり、そのような症例では内反縫合は適さない。また、単純連続縫合では各縫合部に加わる張力の微調整が難しく、組織に縫合糸が食い込んでしまうことがあるため、単純結節縫合を選択する場合もある。

縫合時の注意点

図4-18は、膀胱壁の閉創時の断面模式図である。膀胱壁は、外側から漿膜、筋層、粘膜下組織、筋板、粘膜の順で層をなしている。この層構造をイメージし、縫合時のバイトサイズは漿膜面で大きく粘膜面で小さくなるよう調整することで、確実な全層並置縫合ができる。支持糸をかけるときには、粘膜下組織を貫通するようにする。縫合時に組織を把持する際は、筆者はドベーキー鑷子を使用しているが、組織を愛護的に取り扱うことが大切である。

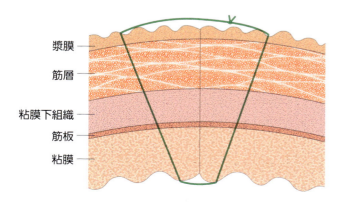

図4-18 膀胱断面構造（文献4より引用、改変）
バイトサイズは、漿膜面で大きく、粘膜面で小さくなるように調整する。

【参考文献】

1. Greenberg, C. B., Davidson, E. B., Bellmer, D. D., et al. (2004): Evaluation of the tensile strengths of four monofilament absorbable suture materials after immersion in canine urine with or without bacteria. *Am. J. Vet. Res.*, 65(6):847-853.
2. Appel, S. L., Lefebvre, S. L., Houston, D. M., et al. (2008): Evaluation of risk factors associated with suture-nidus cystoliths in dogs and cats: 176 cases (1999-2006). *J. Am. Vet. Med. Assoc.*, 233(12):1889-1895.
3. Thieman-Mankin, K. M., Ellison, G. W., Jeyapaul, C. J., et al. (2012): Comparison of short-term complication rates between dogs and cats undergoing appositional single-layer or inverting double-layer cystotomy closure: 144 cases (1993-2010). *J. Am. Vet. Med. Assoc.*, 1;240(1):65-68.
4. 浅野和之 (2020): 動画でわかる！縫合法 2 膀胱の縫合法. *Tech. Mag. Vet. Surg.*, 24(2):90-91.

症例　膀胱切開の閉鎖

プロフィール：トイ・プードル、13歳8カ月齢、去勢雄、体重3.8 kg。

膀胱結石による慢性膀胱炎を呈していたため、膀胱切開術にて結石の除去を行った。

膀胱結石摘出後、切開創の両端に支持糸を設置し、鉗子で把持した。一方は針付き縫合糸を残し、連続縫合の始点とした（図4-19-①）。粘膜下組織および粘膜に確実に糸を通して単純連続縫合にて全層並置縫合を行った（図4-19-②）。縫合糸に緩みが生じないよう糸を牽引しながら縫合を進めた（図4-19-③）。連続縫合を完了し、膀胱の閉鎖を終了した（図4-19-④）。

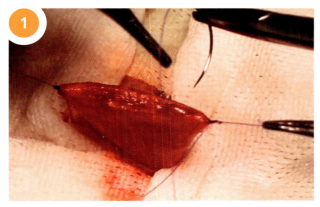

切開創の外側2カ所に支持糸をかけ、一方を縫合に用いる。

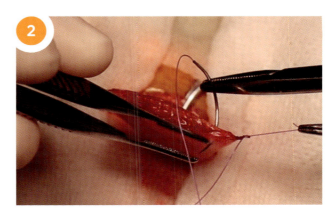

単純連続縫合を行う。

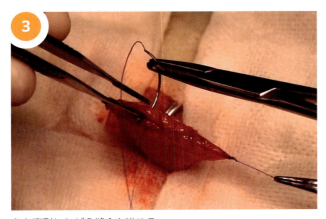

糸を牽引しながら縫合を進める。

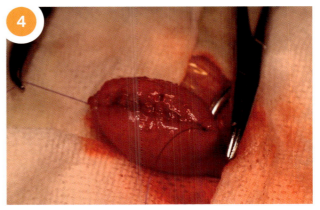

縫合を完了したところ。

図4-19 膀胱切開の閉鎖

| Column14 | 連続縫合をおえるときの結紮方法 |

連続縫合の最後の結紮は、結紮する1つ前の糸を緩めに残しておき、これと針がついている糸で外科結びを行う。

手　順

1 針のついている側の糸を持針器に2回巻きつける。

2 残した輪の頂点を持針器で把持する。

3 第一結紮を行う。

4 続いて第二、第三結紮では、針のついている側の糸を持針器に巻きつけるのは1回となる。

5 第一結紮と同様に、残した輪の頂点を持針器で把持し、左右均等な力で糸を引く。

Tips

持針器で輪を把持する際は、輪の頂点（中心）をつかむようにする。把持する位置が悪いと、結び目がどちらかにずれ、創にかかる張力が不均等になる。

子宮の縫合

子宮縫合の実際

この部位の縫合で押さえておきたいポイントは以下のとおりである。

- 子宮切開による粘膜の止血処置は困難であるため、胎子摘出後速やかに止血を兼ねた子宮閉鎖を実施する。
- 妊娠子宮は切開後に粘膜面が反転して創縁から露出してくる。縫合時は粘膜が漿膜面に脱出しないように全層縫合をする。
- 子宮切開の閉鎖は2層縫合により行う。

選択する針・糸の形状と大きさ

組織侵襲を最小限に抑えるために強弯丸針を選択する。筆者は、丸針のついた3-0もしくは4-0のモノフィラメント合成吸収糸（MaxonまたはBiosin）を選択している。

選択肢となる縫合方法とその理由

筆者は子宮縫合では全層の単純連続縫合に加え、クッシング縫合を行う2層縫合を選択しているが、状況によって単純結節縫合、単純連続縫合のみの1層縫合も選択肢となる。例えば、帝王切開術の際は胎子の蘇生処置など、時間との戦いとなるケースが多いため最も短時間でできる単純連続縫合を選択することがある。

縫合手順

子宮縫合を行うのは、帝王切開もしくは妊娠子宮における死亡胎子の摘出または子宮を残したうえでの堕胎に限られる。妊娠子宮の粘膜は重度に肥厚・充血しており、子宮切開により粘膜の外反が生じ粘膜面からは出血がみられる。粘膜面の止血処置は困難であるため、胎子摘出後速やかに止血を兼ねた子宮閉鎖を実施する。子宮閉鎖では外反した粘膜をトリミングする必要はない。

1. 切開創を挟んだ両端に支持糸をかけ、モスキート鉗子などで把持する。
2. 一方の支持糸を連続縫合に用いる。
3. 1層目は単純連続縫合を行う。必ず粘膜まで糸を貫通させて全層縫合を行う。
4. 縫合糸が緩まないように牽引しながら縫合を進める。
5. 2層目はレンベルト縫合、クッシング縫合などの内反縫合を行う。筆者はクッシング縫合を好んで選択している。

縫合時の注意点

子宮は外側から漿膜、筋層、粘膜下組織、粘膜の4層からなる（図4-20）。このなかで粘膜層は最も厚みがあり、とくに妊娠子宮では胎子の母床となるべく重度に肥厚している。子宮切開時にこの粘膜面からの出血が多く認められるが、正常の止血機能を有する症例では特別な止血処置は必要ない。切開した子宮の縫合は全層縫合を基本とし、粘膜が漿膜面に脱出することがないように留意する。組織の挫滅を最低限に留めるため、縫合の際の組織の把持にはドベーキー鑷子を用いるとよい。

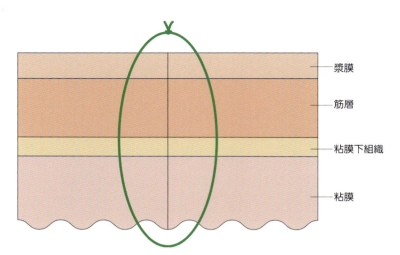

図4-20 子宮体部断面模式図
外側から、漿膜、筋層、粘膜下組織、粘膜の4層からなる。縫合時は必ず粘膜面を貫通させ、全層縫合を行う。

症例　帝王切開後の子宮の縫合

プロフィール：トイ・プードル、2歳7カ月齢、雌、体重2.2 kg。

自然分娩が困難であったため、妊娠65日目に帝王切開を実施した。

胎子摘出後、粘膜に重度の肥厚が確認された（図4-21-①）。創縁末端の外側両端に支持糸をかけ、モスキート鉗子で把持した。一方の支持糸を連続縫合の始点とし（図4-21-②）、1層目の縫合として単純連続縫合を行った。

この縫合は粘膜まで確実に針を貫通させて、緩みがないよう糸を牽引しながら全層縫合した（図4-21-③〜⑤）。続いて、1層目の縫合始点の外側に新たに支持糸をかけ（図4-21-⑥）、この支持糸の結節部を始点として2層目の内反縫合としてクッシング縫合を行った（図4-21-⑦）。2層縫合を完了し、子宮の閉鎖を終了した（図4-21-⑧）。

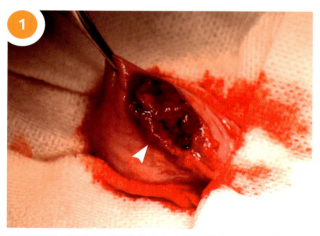

帝王切開後の切開創。粘膜が重度に肥厚し外反している（▷）。

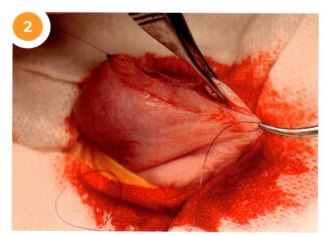

創縁の外側両端に支持糸を設置する。一方を縫合に用いる。

図4-21 帝王切開後の子宮の縫合

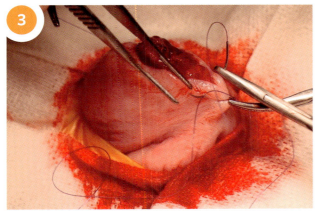

全層を貫通させて単純連続縫合を行う。粘膜が漿膜面に露出しないように注意する。

糸が緩まないように、牽引しながら縫合を進める。

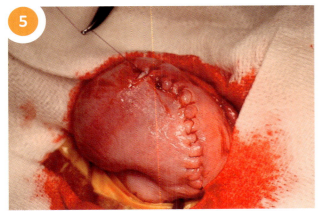

1層目の縫合を完了したところ。

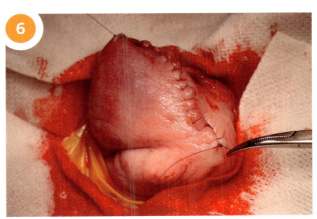

1層目の縫合始点のさらに外側に新たな支持糸をかける。

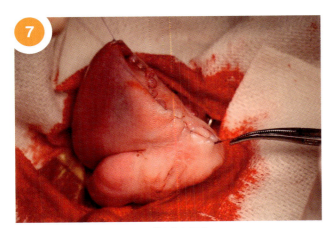

2層目の内反縫合はクッシング縫合を行う。

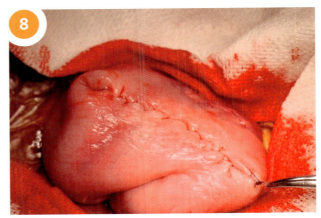

子宮の閉鎖を終了した。

子宮の縫合

Column15 ペンローズドレーン留置方法

創内から洗浄液や滲出液を排液させたい場合にペンローズドレーンを用いることがある。必要な長さに切断したペンローズドレーンの一端を創内に配置した後、単純結節縫合で皮膚に留めつける。

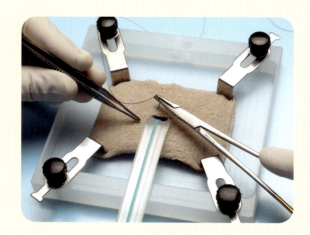

手 順

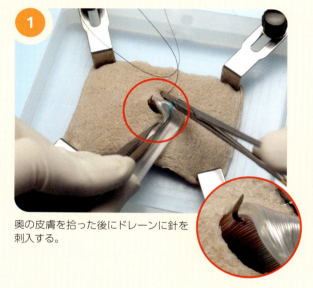

1 奥の皮膚を拾った後にドレーンに針を刺入する。

2 ドレーンにも糸を通し、手前の皮膚を拾う。

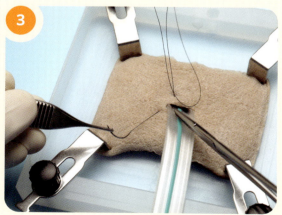

3 皮膚―ドレーン―皮膚の順に縫合糸を通した状態で外科結びを行う。

4 ドレーンの幅が広い場合や、より安定性を高めたい場合には同様の縫合を反対側にも加える。

索 引

■ あ
アイリス剪刀 ... 27
アドソン鑷子 ... 27

■ い
一期癒合 ... 10
一次治癒 ... 10
胃・腸管の縫合 ... 124
糸付き縫合針 ... 16, 17
インターロッキング縫合 ... 72

■ え
炎症期 ... 11

■ お
オペポリックス ... 20, 23
オルセン・ヘガール持針器 ... 26

■ か
外腹斜筋 ... 114
かがり縫合 ... 72
角針 ... 16, 17, 104
片手　逆結び ... 47
片手　本結び ... 42
ガット ... 19
完全吸収期間 ... 22, 23
貫通結紮 ... 118

■ き
器械　外科結び ... 58
器械　逆結び ... 55
器械　本結び ... 53
逆三角針 ... 16, 17, 104
ギャンビー縫合 ... 88
吸収性縫合糸 ... 19
強弯針 ... 16, 17
去勢手術(開放法) ... 118, 121
去勢手術(閉鎖法) ... 118, 119, 120, 121

■ く
クッシング縫合 ... 91
クーリー持針器 ... 26

■ け
血管結紮 ... 118
絹糸 ... 19, 24

■ こ
小型スキンステープラー ... 112

■ さ
細胞増殖期 ... 11, 104
サムリング・フィンガー・グリップ ... 60
三角針 ... 16, 17
三次治癒 ... 11

■ し
死腔 ... 12, 14, 20, 77, 110
止血凝固期 ... 11
シナー・グリップ ... 60
弱弯針 ... 16, 17
深層血管叢 ... 106
深部結紮 ... 50

■ す
垂直マットレス縫合 ... 76
水平マットレス縫合 ... 74, 77
スキンステープラー ... 28, 112
ステープル ... 112, 113
ステープルリムーバー ... 28, 112

■ せ
成熟期 ... 11, 12, 104
生体内抗張強度 ... 22, 23
浅層血管叢 ... 106

■そ

創傷治癒過程	104
組織リモデリング期	104

■た

対腸間膜側	100, 101
弾機孔針	16, 17
単純結節吻合	98
単純結節縫合	64
単純連続吻合	100
単純連続縫合	69

■ち

遅延一次治癒	11
中間層血管叢	106
腸管吻合	126, 128
腸管縫合	128
腸間膜側	100, 125, 126
張力線	12
直針	16, 17

■て

帝王切開	133, 134, 135

■と

ドベーキー・アドソン鑷子	27

■な

内反縫合	124
内腹斜筋	114
ナイロン	19, 20, 24, 104
ナミ穴針	16, 17

■に

二期癒合	11
肉芽形成期	104
二次治癒	11, 15
二等分法	109

■ね

粘膜下組織	12, 88, 91, 94, 124, 125, 127, 130, 131, 133, 134

■は

バイトサイズ	16, 17, 67, 125, 130
白線	114
抜糸剪刀	28
バネ穴針	16, 17, 18
パームド・グリップ	60
針ケース	28
瘢痕形成	10, 12, 15

■ひ

皮下垂直縫合	84
皮下垂直連続縫合	86
皮下水平縫合	78
皮下水平連続縫合	80
皮下縫合	104
非吸収性縫合糸	19
皮静脈	106
ピッチサイズ	67
皮動脈	106
皮内縫合	104
皮膚縫合	104

■ふ

フィンガー・グリップ	83
腹横筋	114, 115
腹直筋	114, 115, 116
腹直筋鞘	114, 115, 116
腹壁の閉鎖	114
普通孔針	16, 17
ブラウン・アドソン鑷子	28
ブレイド	19, 20, 22, 23, 24

■ へ

並置縫合 ……………… 12, 74, 76, 91, 98, 124, 130
ペンシル・グリップ ……………… 83

■ ほ

膀胱の縫合 ……………… 130
ポリグラスチン910 ……………… 19, 25, 130
ポリグリコネート ……………… 19, 20, 23, 25, 114, 130
ポリグリコール酸 ……………… 19, 20, 23, 25, 130
ポリジオキサノン ……………… 19, 20, 22, 114
ポリプロピレン ……………… 19, 20

■ ま

丸針 ……………… 16, 17, 104, 114, 124, 130, 133
マルチフィラメント ……………… 19, 20, 21, 22, 23, 24

■ め

メイヨー剪刀 ……………… 26
メイヨー・ヘガール持針器 ……………… 26
メス刃 ……………… 97

■ も

モスキート鉗子 ……………… 27, 115, 116, 122
モノフィラメント ……………… 19, 20, 21, 22, 23, 24

■ ら

卵巣子宮摘出術 ……………… 118, 122, 123

■ り

リークテスト ……………… 99, 102, 125
リバースカッティング針 ……………… 16, 17, 104
両手　外科結び ……………… 38
両手　逆結び ……………… 35
両手　本結び ……………… 32

■ れ

レギュラーカッティング針 ……………… 16, 17

レンベルト縫合 ……………… 94

■ わ

ワイヤー剪刀 ……………… 27

〈 欧文ではじまる語 〉

■ B

Biosyn ……………… 20, 21, 23, 124
bite ➡ バイトサイズ

■ D

Double Overhand knot ……………… 38

■ M

Maxon ……………… 20, 21, 23, 107, 110, 115, 118, 124, 128, 130, 133
MONOCRYL ……………… 20, 23
Monosof ……………… 20, 24, 108, 110

■ O

Overhand knot ……………… 32

■ P

PDS Plus ……………… 20, 22, 25
PDS II ……………… 20, 21, 22
pitch ➡ ピッチサイズ
Polysorb ……………… 20, 23
PROLENE ……………… 20, 21, 24

■ S

STRATAFIX Symmetric PDSプラス ……………… 25
Suprylon ……………… 20, 24

■ V

VICRYL ……………… 20, 22
VICRYL Plus ……………… 20, 22, 25

監修者プロフィール

左近允　巌　SAKONJU, Iwao
北里大学獣医学部獣医学科小動物第1外科学研究室 教授

獣医師・博士（獣医学）。山口大学連合大学院獣医学研究科 臨床獣医学専攻博士課程修了後、北里大学獣医畜産学部助手、北里大学獣医学部講師、同准教授を経て、2014年より現職。
専門分野は整形外科。北里大学獣医学部附属動物病院小動物診療センターにて整形外科診療にあたる。
所属学会：日本獣医学会、日本獣医師会、日本獣医麻酔外科学会、動物臨床医学会

執筆者プロフィール

古田　健介　FURUTA, Kensuke
横浜青葉どうぶつ病院 院長

獣医師。北里大学獣医畜産学部獣医学科卒業後、一般動物病院勤務、北里大学獣医学部附属動物病院小動物診療センター全科研修医、同外科専科研修医を経て、2015年4月に横浜青葉どうぶつ病院を開院。
2015年〜北里大学獣医学部獣医学科小動物第1外科学研究室研究生。
2022年日本小動物外科専門医レジデントプログラム修了。
専門分野は整形外科。
所属学会：日本獣医麻酔外科学会、動物臨床医学会、日本獣医師会、横浜市獣医師会

【協力】

萩原　崇　　　（横浜青葉どうぶつ病院）
古田　あゆ美　（横浜青葉どうぶつ病院）
神人　由季　　（横浜青葉どうぶつ病院）
白岩　舜　　　（横浜青葉どうぶつ病院）
原　健人　　　（ALLONE八王子動物医療センター）

小動物基礎臨床技術シリーズ

縫合法

2024年6月1日　第1版第1刷発行

監　　　修	左近允　巖
発 行 者	太田宗雪
発 行 所	株式会社 EDUWARD Press（エデュワードプレス） 〒194-0022　東京都町田市森野1-24-13　ギャランフォトビル3階 編集部：Tel. 042-707-6138　／　Fax. 042-707-6139 販売推進課（受注専用）：Tel. 0120-80-1906　／　Fax. 0120-80-1872 E-mail：info@eduward.jp Web Site：https://eduward.jp（コーポレートサイト） 　　　　　https://eduward.online（オンラインショップ）

表紙デザイン	アイル企画
本文デザイン	飯岡恵美子
撮　　　影	新井隆弘、佐藤幸稔
イラスト	河島正進（Kip工房）、ヨギトモコ、龍屋意匠合同会社
組　　　版	龍屋意匠合同会社
印刷・製本	瞬報社写真印刷株式会社

乱丁・落丁本は、送料弊社負担にてお取替えいたします。
本書の内容に変更・訂正などがあった場合は弊社コーポレートサイトの「SUPPORT」に掲載されております
正誤表でお知らせいたします。
本書の内容の一部または全部を無断で複写・複製・転載することを禁じます。

© 2024 EDUWARD Press Co., Ltd. All Rights Reserved. Printed in Japan.
ISBN978-4-86671-203-1　C3047

小動物臨床にかかわるすべての獣医師へ
見て学ぶ超実践手技ガイド

小動物基礎臨床技術シリーズ

【監　修】武内 亮（ネオベッツVRセンター）
【著　者】大脇 稜、竹内 恭介、武内 亮、松本 創
【発　刊】2024年6月1日
【定　価】16,500円（税込）
【仕　様】A4判、並製本、136頁、オールカラー
【ISBN】978-4-86671-204-8

【監　修】左近允 巌（北里大学）
【著　者】古田 健介
【発　刊】2024年6月1日
【定　価】16,500円（税込）
【仕　様】A4判、並製本、144頁、オールカラー
【ISBN】978-4-86671-203-1

【監　修】浅野 和之（日本大学）
【著　者】石垣 久美子、田村 啓、櫻井 尚輝
【発　刊】2024年6月1日
【定　価】16,500円（税込）
【仕　様】A4判、並製本、120頁、オールカラー
【ISBN】978-4-86671-205-5

＼ シリーズコンセプト ／

獣医療の現状として、臨床現場に出たばかりの若手の獣医師（研修医）は、
学校教育での学びと臨床現場で求められるスキルのギャップに戸惑う場面が少なくありません。
本シリーズでは、「若手獣医師が卒後すぐの現場で求められるスキルを身に付けられる」をコンセプトに、
現場で必要とされている手技の解説を行っています。手技をイメージしやすく、より理解を深められ、
さらに実際の業務にそのまま活用できるように、写真やイラスト、動画を多く用いていることが特徴です。

シリーズラインナップ

- 精巣・精巣腫瘍摘出術
- 身体検査
- 基本の麻酔・疼痛管理
- 卵巣子宮摘出術
- 生検の手技
- 救急対応
- 創傷管理 ードレッシングと縫合ー
- 入院管理

※タイトルは変更となる可能性があります

 EDUWARD Press　オンラインサイト https://eduward.online
TEL.  Mail toiawase@eduward.jp
受付：平日9:00〜17:00